U0809133

有限空间作业安全技术服务与应急救援指导手册

国家安全生产应急救援中心　组织编写

中国石化出版社
·北京·

内　容　提　要

本书聚焦有限空间作业风险防控和应急救援，首次归纳有限空间作业安全技术服务工作的方法、程序、技术要求，针对常见隐患和事故类型，总结事故救援的通用程序、处置要点和不同类型救援处置技术；围绕新时代应急管理使命任务，梳理国家法律法规有关要求，从概念和基础知识入手，提炼风险辨识的一般方法，阐述有限空间作业安全的重要意义和必要性，明确生产经营单位有限空间作业管理基本要求，介绍安全防护和应急救援装备的配备类型、使用和维护保养方法，列举部分典型事故案例，收录相关法规标准等内容。

本书可作为国家安全生产应急救援队伍开展有限空间作业安全技术服务、事故应急救援的参考资料，也可为各级应急管理部门、生产经营单位和其他救援队伍开展有限空间作业安全管理和应急演练、事故救援提供借鉴。

图书在版编目(CIP)数据

有限空间作业安全技术服务与应急救援指导手册 / 国家安全生产应急救援中心组织编写. — 北京 : 中国石化出版社, 2024.9(2025.11 重印). — ISBN 978-7-5114-7628-9

Ⅰ. X93-62

中国国家版本馆 CIP 数据核字第 2024MK6431 号

中国石化出版社出版发行

地址：北京市东城区安定门外大街 58 号
邮编：100011　电话：(010)57512500
发行部电话：(010)57512575
http://www.sinopec-press.com
E-mail:press@sinopec.com
北京科信印刷有限公司印刷
全国各地新华书店经销

*

787 毫米×1092 毫米 16 开本 13.5 印张 290 千字
2024 年 9 月第 1 版　2025 年 11 月第 2 次印刷
定价：56.00 元

PREFACE

前言

党的十八大以来，以习近平同志为核心的党中央坚持以人民为中心的发展思想，始终把人民放在心中最高位置、把人民对美好生活的向往作为奋斗目标。习近平总书记指出："党的一切工作，必须以最广大人民根本利益为最高标准。"无论是亲自谋划部署应急管理工作，还是对安全生产、防灾减灾救灾、事故灾害抢险救援、维护公共安全等方面作出重要指示批示，习近平总书记强调，"始终把人民群众生命安全放在第一位，牢牢树立发展不能以牺牲人的生命为代价这个观念""安全生产事关人民福祉"。应急管理担负保护人民群众生命财产安全和维护社会稳定的重要使命，要紧紧盯住威胁人民生命财产安全的各类风险，用心用情用力解决人民群众急难愁盼问题，推动建立与中国式现代化相适应的国家应急管理体系和能力。

安全是发展的前提，发展是安全的保障。近年来，在全国安全生产形势总体向好的大背景下，有限空间作业事故时有发生，且经常因施救不当导致事故扩大，屡屡酿成悲剧。为认真总结汲取有限空间作业事故经验教训，牢固树立"人民至上、生命至上"理念，切实提升生产经营单位有限空间作业安全管理水平，丰富拓展国家安全生产应急救援队伍安全技术服务范围，不断提高有限空间作业事故应急处置能力，国家安全生产应急救援中心组织编写了《有限空间作业安全技术服务与应急救援指导手册》。

本书聚焦新时代应急管理工作使命任务，立足有限空间作业管理、安全技术服务和事故应急救援方向，结合最新法律法规标准、技术研究成果以及实际案例，阐述了有限空间作业过程中存在的危害、应采取的防范措施，明确了安全技术服务和应急救援常见的方式方法，旨在为国家安全生产应急救援队伍开展有限空间作业安全技术服务、事故应急救援提供借鉴，也可作为有限空间作业从业人员、企业安全管理人员、现场监护人员、应急救援人员和社会公众业务学习与技术交流的参考资料。

本书由国家安全生产应急救援中心指挥协调部工贸处牵头组织，国家危险化学品应急救援中原油田队具体承担，中国石化集团健康安全环保管理部等单位给予支持。杜红岩、王一负责对相关内容进行统稿，董永昭、王庆银分别负责相关章节起草的组织协调工作。朱福敏、刘中河、潘荣锟、郭庆、张勇、李升龙、景新选、邵志勇、黄伟、史章方、卢晓冉、赵京港、郭相恒、张拥钢、蔡镇樯、张鑫宇、唐晨辉、马向波等同志具体参与相关内容编写。

本书在编写过程中，得到了有关部门的悉心指导和大力支持，参考了学界大量的研究成果，有关专家、学者提出了宝贵的修改意见和建议，赵正宏、时训先、刘峰、解金箭、周兴龙、付立成、李斌等同志也对本书的编写给予大力支持，在此一并感谢！

由于有限空间广泛存在于矿山、化工、工贸、市政、电力等各行业领域，现场管理和现场监护工作涉及面广、技术性强，且发生在各行业中的有限空间作业事故救援方式也不尽相同，受经验、知识、专业背景等条件限制，本书内容难免存在不足之处，敬请广大读者批评指正。

本书中如遇到与现行的相关国家法律、法规、规章、标准不同之处，请以现行国家法律、法规、规章、标准为准。

CONTENTS

目 录

第一章　绪论

党的十八大以来，以习近平同志为核心的党中央就应急管理工作作出一系列重大决策部署，提出一系列新理念、新观点、新论断，科学回答了事关应急管理事业全局和长远发展的重大理论和实践问题。各级应急管理部门坚决贯彻落实总体国家安全观，全力防范化解重大公共安全风险，有效应对各类灾害事故，最大限度减少人民群众生命财产损失，我国应急管理事业取得历史性成就、发生历史性变革，应对自然灾害和生产事故灾害能力不断提高。

本章重点介绍新时代应急管理工作使命任务，梳理国家法律法规有关要求，为生产经营单位有限空间作业和安全管理提供指导和借鉴。

第一节 新时代应急管理使命任务

习近平总书记指出："应急管理是国家治理体系和治理能力的重要组成部分，承担防范化解重大安全风险、及时应对处置各类灾害事故的重要职责，担负保护人民群众生命财产安全和维护社会稳定的重要使命。"党的二十大报告将应急管理体系纳入国家安全体系，用专节对提高公共安全治理水平作出部署，对新时代应急管理工作提出明确要求，充分体现了党和国家对人民群众生命财产安全的高度重视。在中国式现代化新征程上，要深入学习贯彻习近平总书记关于应急管理的重要论述，坚持高质量发展和高水平安全良性互动，全力防范化解重大安全风险，加快推进应急管理体系和能力现代化，以高水平安全服务高质量发展，以新安全格局保障新发展格局。

安全生产事关人民福祉，事关经济社会发展大局。在当前我国工业化、城镇化进程快速推进的背景下，重点行业领域新旧风险因素相互交织叠加，安全生产面临前所未有的挑战。特别是在一些重点行业和领域，由于技术更新换代、生产规模扩大以及管理层面的不足，安全风险隐患日益凸显。此外，我国自然灾害的风险形势严峻复杂，如地震、洪水、干旱、森林火灾等自然灾害频发。为有效应对这些风险挑战，必须采取更加有力的措施，加强安全生产管理和监管，提高应急管理和灾害防治能力。近年来，国家和地方各级党委和政府针对生产安全事故主要特点和突出问题，深入开展安全生产风险专项整治，加强重点行业、重点领域安全监管，提高风险隐患排查和整改质量，提升发现问题解决问题的强烈意愿和能力水平，有力遏制了重特大事故发生。特别是对于制约安全生产的深层次矛盾、瓶颈性堵点和根源性问题，实施了一系列治本措施，从法治体制机制上补齐短板，全方位、全链条、全流程推进安全生产工作。

一、应急管理工作总体要求

党的二十届三中全会对于进一步全面深化改革、推进中国式现代化作出一系列战略部署。全会延续了以往对应急管理改革的重视，聚焦建设更高水平平安中国，进一步作出了完善公共安全治理机制的具体部署，提出要健全重大突发公共事件处置保障体系，完善大安全大应急框架下应急指挥机制，强化基层应急基础和力量，提高防灾减灾救灾能力，完善安全生产风险排查整治和责任倒查机制等具体要求，以高水平安全保障高质量发展，为推进中国式现代化建设行稳致远作出统筹部署和系统谋划。在全面推进中国式现代化进程中，要充分发挥我国应急管理体系的特色和优势，借鉴国外应急管理有益做法，积极推进我国应急管理体系和能力现代化。

在 2018 年党和国家机构改革中，党中央决定组建应急管理部，这是以习近平同志为核心的党中央站在新的历史方位作出的重大决策，是应对复杂安全风险挑战、赢得战略主动的重大举措，具有重要现实意义和深远历史意义。应急管理部组建以来，一是实现了全灾种统筹应对，构建起大安全、大应急的框架体系，改变了过去长期以来“九龙治水”、各灾各管的模式，形成了统筹管理、统分结合的新机制。发挥应急管理部门“统”的综合作用，也充分发挥各个部门专业优势，齐抓共管、共同应对。二是实现了全过程统一管理，“防、抗、救”相结合，应急管理部门事前推动风险防范、应急准备，事中第一时间到现场调度、抢险救援，事后按照“四不放过”的原则开展调查，并且督促整改提升，更加有效地实现统一调度、协调有序、行动高效。三是实现了全天候积极防范，防灾减灾救灾行动更加高效。根据风险研判情况，提前组织开展重大灾害应急演练，同时提前预置救援力量，包括物资储备，做到“风雨未来人先到，救援抢在成灾前”。四是实现了全力量的有效协调，国家消防救援队伍是应急救援的国家队、主力军，安全生产应急救援队伍等专业力量和社会力量有序参与应急救援。目前，我国已基本形成统一指挥、专常兼备、反应灵敏、上下联动的中国特色应急管理体制，基本建成统一领导、权责一致、权威高效的国家应急能力体系，新体制、新机制、新队伍的优势日益显现。

面对新时代新任务、新使命新要求，要找准应急管理工作的发力点和落脚点，结合实际创造性推动工作，把各项工作抓实、抓细、抓出成效，使人民获得感、幸福感、安全感更加充实、更有保障、更可持续，为推进中国式现代化，实现经济高质量发展、社会长期和谐稳定提供更加坚强有力的安全保障。

二、防范化解重大安全风险

全面建设社会主义现代化国家，必须坚持底线思维，增强忧患意识，“于安思危、于治忧乱”，始终保持如履薄冰的谨慎、见叶知秋的敏锐，积极主动防范化解风险。做到不能发生全局性风险，重点防控那些可能迟滞或中断中华民族伟大复兴进程的全局性风险。我国应急管理实践证明，只有坚持底线思维、增强忧患意识，以正确的战略策略提高防范化解重大安全风险的前瞻性和科学性，才能牢牢掌握防范化解风险的主动权，做到未雨绸缪、曲突徙薪。

党的十八大以来，全国安全生产形势稳中向好，但部分行业领域安全生产形势依然严峻复杂。当前，我国发展战略机遇和风险挑战并存、不确定难预料因素增多。随着新型城镇化和工业化步伐不断加快，我国城镇化率已从1978年的17.9%增长到2023年的66.16%，伴随着老旧设施的升级换代、城市空间的优化拓展全面展开，许多行业领域积累了大量风险隐患。如，我国能源结构目前仍以煤炭为主，现在煤矿有4400多处，三分之一以上是瓦斯突出和高瓦斯矿井，有1500多处；非煤矿山有3万多座，80%以上都是安全基础能力差的小矿山；化工产业产值占世界的40%，现有生产企业11000多家，有重大危险源的企业将近7000家。如，我国现有民用高层建筑90多万栋，居世界第一；燃气管网管龄超过20年的有7万多千米；市政桥梁超过30年的有2.2万座，有很多危旧桥需要更新改造；房地产、商贸、餐饮、娱乐等行业空前发展，以及各种超大规模城镇综合体、人员密集场所、高层建筑、地下建筑、地下管网的大量建设，随着时间推移，很多风险隐患进入集中暴露期。如，我国有近500座化学储能电站，很多建在城区，安全管理压力很大；另外，储能电站、海上风电、氢能、玻璃栈道等新能源新业态不断涌现，新的安全风险也大量上升、集中显现。

中国特色社会主义进入新时代，社会主要矛盾从人民日益提高的物质文化生活需要同落后的社会生产之间的矛盾，转化为人民日益增长的美好生活需要和不平衡不充分的发展之间的矛盾。面临各类突发事件和风险挑战，传统的技术性安全问题、单一灾情逐步演化为复合型事故灾难，公众自身的安全需求和政府对安全的服务预期进一步增加，更需加强源头治理、精准治理，切实防控系统性安全风险，解决安全生产工作中的瓶颈性问题。要积极采取安全生产预防控制和应对处置措施，提高防范化解传统高危行业重大安全风险的能力，提高防范化解城市重大安全风险的能力，提高防范化解新产业、新业态、新领域安全风险的能力，不断适应、主动满足安全生产新形势新任务新要求的现实需要。

三、提升突发事件应急处置能力

《中共中央关于进一步全面深化改革、推进中国式现代化的决定》指出，健全重大突发公共事件处置保障体系，完善大安全大应急框架下应急指挥机制，强化基层应急基础和力量，提高防灾减灾救灾能力。提升突发事件应急处置能力，是健全处置保障体系、完善指挥机制、提高救灾能力的应有之义和重要举措。新修订的《中华人民共和国突发事件应对法》，进一步完善了突发事件应对处置的相关制度措施、健全相关体制机制，对加强突发事件应对能力建设从国家法律层面作出明确规定。

在社会高度复杂的今天，小灾大害、蝴蝶效应、池塘荷叶效应等越发明显，越来越多的突发事件表现出明显的非常规性，即偶然发生、无规律可循、应对行动突破日常处置程序的事故灾难。近年来，从未发生过特别重大事故的行业领域如民爆、地下输油管线、屠宰加工、电力施工、渣土场、港口危化存储等，特别是从未发生过事故的领域和企业相继发生特别重大事故，开发区、工业园区等相对管理封闭的特殊区域成为特别重大事故“集中区”，非传统风险和新风险引发生产安全事故的情况逐渐增加。如，2014年江苏昆山“8·2”特别重大粉尘爆炸事故，与上一起同类事故间隔27年；2015年天津港“8·12”特别重大爆炸事故，是我国港口发生的死亡人数最多、经济损失最大的事故，更加需要高水平的应急处置能力，为统筹发展和安全保驾护航。

加强应急队伍建设是提升突发事件应急处置能力的重要保障，专业、高效的应急队伍能够确保在突发事件发生时迅速响应、有效应对。国家安全生产应急救援队伍(以下称为国家专业队)是由应急管理部牵头规划，在重点行业领域依托国有企业和有关单位建立的专业应急救援队伍，是国家常备应急骨干力量，是矿山、隧道施工、危险化学品、油气开采和管道输送、城市轨道交通运营、建筑施工等重点行业领域事故灾害救援不可或缺的中坚力量。截至2024年，我国共建成113支国家专业队，有救援人员2.5万余人，覆盖全国31个省(区、市)及新疆生产建设兵团，涵盖矿山、危险化学品、隧道、油气、专业支撑保障等领域，配备了大功率潜水泵、大口径钻机、高喷消防车、水上消防船、无人机等先进救援装备，是应对重特大生产安全事故的主力军。同时，在各类自然灾害应急救援中也积极发挥重要作用。

四、做好有限空间作业安全风险防范

随着经济社会的快速发展，水、电、气、热、通信、广电等管线大量敷设，加之矿山、化工、工贸等重点行业领域企业建设及生产，以及城镇化加速、农村“厕所革命”、养殖业规模化扩大，有限空间数量规模、作业频次及安全风险也随之增加。如，市政工程领域，我国城市供水管道、排水管道、天然气管道、供热管道的保有量分别约为110万千米、91万千米、98万千米、49万千米。未来，每年将有10万千米以上的地下管线进行改造和升级。农业农村领域，2023年全国猪牛羊禽肉产量9641万吨，比上年增加414万吨；我国现存生猪养殖相关企业35.95万家，肉牛规模化养殖场2.5万家，大部分属于规模较小的类型。在建筑工程领域，截至2022年底，我国城市地下空间累计建筑面积29.62亿平方米，土木工程建筑业总产值达8.9万亿元，未来仍保持较高的投资规模及增速。另外，我国污水处理厂数量达到2894座，污水年处理总量达到626.89亿吨；公共厕所行业投资规模约为260.2亿元，部分行业有限空间作业标准不严、从业人员素质不高，不仅易发生中毒、窒息事故，还可能发生坍塌、爆炸、淹溺、高处坠落、触电、物体打击、机械伤害等事故。必须把防范化解有限空间作业安全风险，及时应对处置有限空间作业事故作为重要任务，摆在突出位置，通过强化有限空间作业隐患排查，提前做好各种应急准备，努力将损失降到最低。

聚焦防范化解有限空间作业安全风险，要充分发挥国家专业队预防作用，积极为生产经营单位开展预防性安全检查，助力生产经营单位防范化解安全风险。要充分发挥国家专业队服务作用，拓展社会化市场化救援技术服务，积极为驻地周边企业、城市、乡村提供有限空间作业安全技术服务。要充分发挥国家专业队科普宣传作用，参加有限空间作业安全常识、应急救援知识技能科普培训服务，提高社会公众安全防范、紧急避险、医疗急救和应急处置能力水平，有效降低有限空间作业事故发生概率。

第二节 有限空间作业相关法律法规和标准

一、国内有限空间作业相关法律法规和文件

有限空间作业和应急救援相关法律法规和文件涉及多个行业，主要法律法规和文件如下：

（一）相关法律法规规章

1.《中华人民共和国突发事件应对法》

2024 年 6 月 28 日，中华人民共和国第十四届全国人民代表大会常务委员会第十次会议修订通过《中华人民共和国突发事件应对法》，该法自 2024 年 11 月 1 日起施行，共八章一百零六条，包含总则、管理与指挥体制、预防与应急准备、监测与预警、应急处置与救援、事后恢复与重建、法律责任等内容，适用于突发事件的预防与应急准备、监测与预警、应急处置与救援、事后恢复与重建等应对活动。

相关规定举例如下：

（1）所有单位应当建立健全安全管理制度，定期开展危险源辨识评估，制定安全防范措施；定期检查本单位各项安全防范措施的落实情况，及时消除事故隐患；掌握并及时处理本单位存在的可能引发社会安全事件的问题，防止矛盾激化和事态扩大；对本单位可能发生的突发事件和采取安全防范措施的情况，应当按照规定及时向所在地人民政府或者有关部门报告。

（2）矿山、金属冶炼、建筑施工单位和易燃易爆物品、危险化学品、放射性物品等危险物品的生产、经营、运输、储存、使用单位，应当制定具体应急预案，配备必要的应急救援器材、设备和物资，并对生产经营场所、有危险物品的建筑物、构筑物及周边环境开展隐患排查，及时采取措施管控风险和消除隐患，防止发生突发事件。

2.《中华人民共和国安全生产法》

2021 年 6 月 10 日，中华人民共和国第十三届全国人民代表大会常务委员会第二十九次会议通过《全国人民代表大会常务委员会关于修改〈中华人民共和国安全生产法〉的决定》，该法自 2021 年 9 月 1 日起施行，共七章一百一十九条，包含总则、生产经营单位的安全生产保障、从业人员的安全生产权利义务、安全生产的监督管理、生产安全事故的应急救援与调查处理、法律责任、附件等内容。

相关规定举例如下：

（1）生产经营单位必须遵守本法和其他有关安全生产的法律、法规，加强安全生产管理，建立健全全员安全生产责任制和安全生产规章制度，加大对安全生产资金、物

资、技术、人员的投入保障力度，改善安全生产条件，加强安全生产标准化、信息化建设，构建安全风险分级管控和隐患排查治理双重预防机制，健全风险防范化解机制，提高安全生产水平，确保安全生产。

（2）生产经营单位应当制定本单位生产安全事故应急救援预案，与所在地县级以上地方人民政府组织制定的生产安全事故应急救援预案相衔接，并定期组织演练。

（3）生产经营单位发生生产安全事故后，事故现场有关人员应当立即报告本单位负责人。单位负责人接到事故报告后，应当迅速采取有效措施，组织抢救，防止事故扩大，减少人员伤亡和财产损失，并按照国家有关规定立即如实报告当地负有安全生产监督管理职责的部门，不得隐瞒不报、谎报或者迟报，不得故意破坏事故现场、毁灭有关证据。

3.《生产安全事故应急条例》（国务院令第 708 号）

2018 年 12 月 5 日，国务院第 33 次常务会议通过《生产安全事故应急条例》，该条例自 2019 年 4 月 1 日起施行，共五章三十五条，包括总则、应急准备、应急救援、法律责任、附则等内容。

相关规定举例如下：

（1）生产经营单位应当加强生产安全事故应急工作，建立健全生产安全事故应急工作责任制，其主要负责人对本单位的生产安全事故应急工作全面负责。

（2）生产经营单位应当针对本单位可能发生的生产安全事故的特点和危害，进行风险辨识和评估，制定相应的生产安全事故应急救援预案，并向本单位从业人员公布。

（3）发生生产安全事故后，生产经营单位应当立即启动生产安全事故应急救援预案，采取下列一项或者多项应急救援措施，并按照国家有关规定报告事故情况：

① 迅速控制危险源，组织抢救遇险人员。

② 根据事故危害程度，组织现场人员撤离或者采取可能的应急措施后撤离。

③ 及时通知可能受到事故影响的单位和人员。

④ 采取必要措施，防止事故危害扩大和次生、衍生灾害发生。

⑤ 根据需要请求邻近的应急救援队伍参加救援，并向参加救援的应急救援队伍提供相关技术资料、信息和处置方法。

⑥ 维护事故现场秩序，保护事故现场和相关证据。

⑦ 法律、法规规定的其他应急救援措施。

（4）应急救援队伍接到有关人民政府及其部门的救援命令或者签有应急救援协议的生产经营单位的救援请求后，应当立即参加生产安全事故应急救援。

4.《生产安全事故报告和调查处理条例》（国务院令第 493 号）

2007 年 3 月 28 日，国务院第 172 次常务会议通过《生产安全事故报告和调查处理条例》，该条例自 2007 年 6 月 1 日起施行，共六章四十六条，包含总则、事故报告、事故调查、事故处理、法律责任等内容。

相关规定举例如下：

（1）报告事故应当包括下列内容：

① 事故发生单位概况。

② 事故发生的时间、地点以及事故现场情况。

③ 事故的简要经过。

④ 事故已经造成或者可能造成的伤亡人数（包括下落不明的人数）和初步估计的直接经济损失。

⑤ 已经采取的措施。

⑥ 其他应当报告的情况。

（2）事故发生单位负责人接到事故报告后，应当立即启动事故相应应急预案，或者采取有效措施，组织抢救，防止事故扩大，减少人员伤亡和财产损失。

（3）事故发生地有关地方人民政府、安全生产监督管理部门和负有安全生产监督管理职责的有关部门接到事故报告后，其负责人应当立即赶赴事故现场，组织事故救援。

5.《工贸企业有限空间作业安全规定》（应急管理部令第 13 号）

2023 年 11 月 6 日，应急管理部第 28 次部务会议审议通过《工贸企业有限空间作业安全规定》，该规定自 2024 年 1 月 1 日起施行，共二十二条，明确了工贸企业主要负责人是有限空间作业安全第一责任人，应当组织制定有限空间作业安全管理制度，明确了有限空间作业审批人、监护人员、作业人员的职责，以及安全培训、作业审批、防护用品、应急救援装备、操作规程和应急处置等方面的要求。适用于冶金、有色、建材、机械、轻工、纺织、烟草、商贸等行业的生产经营单位有限空间作业的安全管理与监督，具体内容详见附录一第一项。

6.《工贸企业重大事故隐患判定标准》（应急管理部令第 10 号）

2023 年 3 月 20 日，应急管理部第 7 次部务会议审议通过《工贸企业重大事故隐患判定标准》，该判定标准自 2023 年 5 月 15 日起施行。

该标准规定，存在硫化氢、一氧化碳等中毒风险的有限空间作业的工贸企业有下列情形之一的，应当判定为重大事故隐患：

① 未对有限空间进行辨识、建立安全管理台账，并且未设置明显的安全警示标志的。

② 未落实有限空间作业审批，或者未执行“先通风、再检测、后作业”要求，或者作业现场未设置监护人员的。

7. 部分省（自治区、直辖市）有限空间作业规章

部分省（自治区、直辖市）针对有限空间作业先后颁布了有限空间作业规定，如宁夏

回族自治区 2012 年发布了《宁夏回族自治区有限空间作业安全生产监督管理办法》，共五章二十九条，包括总则、有限空间作业安全规范、有限空间作业安全管理、罚则、附则等内容，适用于宁夏回族自治区行政区域内从事有限空间作业的生产经营单位的安全生产及其监督管理活动；河北省 2020 年公布了《河北省有限空间作业安全管理规定》(河北省人民政府令〔2020〕第 4 号)，共六章四十条，包括总则、安全管理制度、现场作业安全、监督管理、法律责任、附则等内容，适用于河北省行政区域内有限空间作业活动的安全管理和监督。

（二）相关文件

1.《工贸企业有限空间重点监管目录》(应急厅〔2023〕37 号)

为落实《工贸企业有限空间作业安全规定》要求，应急管理部组织制定《工贸企业有限空间重点监管目录》，列举了冶金、有色、建材、机械、轻工、纺织、烟草等七个行业的有限空间重点监管场所，具体内容详见附录二。

2.《有限空间作业安全指导手册》(应急厅函〔2020〕299 号)

为加强有限空间作业安全管理，提高有限空间作业人员安全防范意识和安全技能，遏制有限空间作业安全事故多发频发势头，应急管理部组织编制《有限空间作业安全指导手册》和 4 个专题系列折页，详细介绍了有限空间基础知识、安全风险、安全防护设备设施、安全风险防控和事故隐患排查、应急救援等五个方面的内容。

3.《有限空间作业事故安全施救指南》(应救协调〔2021〕5 号)

为指导生产经营单位做好有限空间作业事故应急准备工作，提升有限空间作业事故安全施救能力，防范因施救不当或盲目施救导致事故伤亡扩大，保障救援人员安全与健康，国家安全生产应急救援中心 2021 年组织制定了《有限空间作业事故安全施救指南》。该指南规定了应急准备、救援实施的内容，适用于生产经营单位有限空间(也称受限空间或密闭空间)作业事故的应急准备和救援行动，具体内容详见附录一第二项。

4.《房屋市政工程生产安全重大事故隐患判定标准(2022 版)》(建质规〔2022〕2 号)

为准确认定、及时消除房屋建筑和市政基础设施工程生产安全重大事故隐患，有效防范和遏制群死群伤事故发生，2022 年 4 月 24 日，住房和城乡建设部发布《房屋市政工程生产安全重大事故隐患判定标准(2022 版)》。

该标准规定，有限空间作业有下列情形之一的，应判定为重大事故隐患：

① 有限空间作业未履行“作业审批制度”，未对施工人员进行专项安全教育培训，未执行“先通风、再检测、后作业”原则。

② 有限空间作业时现场未有专人负责监护工作。

二、国内有限空间作业相关技术标准

有限空间作业和应急救援相关标准涉及国家标准、行业标准、地方标准。主要标准如下：

（一）国家标准

1.《缺氧危险作业安全规程》(GB 8958—2006)

该规程包括缺氧危险作业分类、一般缺氧危险作业要求与安全防护措施、特殊缺氧危险作业要求与安全防护措施、安全教育与培训、事故应急救援等内容，规定了缺氧危险作业的定义和安全防护要求，适用于缺氧作业场所及其人员防护。

该规程将缺氧危险作业分为一般缺氧危险作业和特殊缺氧危险作业，并从检测、通风、个人防护等方面分别规定了这两类缺氧危险作业时的作业要求和安全措施。最后对从业人员的安全教育与培训以及事故应急救援做出了规定和要求，主要条款详见附录一第三项。

2.《危险化学品企业特殊作业安全规范》(GB 30871—2022)

该规范包括通用要求、受限空间作业等内容，规定了危险化学品受限空间作业等 8 种特殊作业的安全要求，适用于危险化学品生产、经营(带储存)企业，化工及医药企业。其中，该规范第 6 条规定了受限空间作业的具体要求，详见附录一第四项。

3.《消防应急救援 作业规程》(GB/T 29179—2012)

该规程包括作业程序、作业规程等内容，规定了消防应急救援作业的术语和定义，以及作业程序和作业规程，适用于国家综合性消防救援队伍和专职消防队的消防救援工作，其他消防队和应急救援队可参照执行。其中，该规程第 5.9 条规定了受限空间救援作业规程，具体内容详见附录一第五项。

（二）行业标准

1.《城镇排水管道维护安全技术规程》(CJJ 6—2009)

该规程是排水管道有限空间作业主要遵循的一部标准，包括维护作业、井下作业、防护设备与用品、事故应急救援等内容，主要规定了维护作业、井下作业、防护设备与用品、中毒和窒息应急救援等安全要求，适用于城镇排水管道及附属构筑物的检查和维护，主要条款详见附录一第六项。

2.《电力管道有限空间作业安全技术规范》(DL/T 2520—2022)

该规范包括作业程序、应急救援等内容，规定了电力管道有限空间作业的一般要求、作业程序、应急救援的安全技术要求，适用于电力施工及运维行业自行开展的进出电力隧道、工作井等电力管道有限空间的作业，主要条款详见附录一第七项。

3.《烟草企业有限空间作业安全技术规范》(YC/T 613—2024)

该规范包括有限空间及作业安全风险识别、作业前准备、作业安全要求、安全管理、附录等内容，规定了烟草企业有限空间及作业安全风险识别、有限空间作业前准备、有限空间作业安全要求及安全管理要求，适用于烟草加工单位和烟草商业生产经营单位。烟草配套和多元化投资的其他生产经营单位，如醋酸纤维、烟草印刷等单位参照执行，主要条款详见附录一第八项。

4.《船舶行业企业有限空间作业安全管理要求》（CB/T 4544—2023）

该要求包括管理职责、作业管理要求等内容，规定了船舶建造过程中有限空间的管理职责、作业管理要求等，适用于船舶建造过程中的有限空间风险辨识、隐患排查工作。

5.《生产安全事故应急救援评估规范》（AQ 9012—2023）

该规范包括基本要求、评估方式、评估程序、评估内容等内容，规定了生产安全事故应急救援评估的基本要求、评估方式、评估程序和评估内容，适用于依法成立的事故调查组所开展的较大及以上生产安全事故应急救援评估工作，主要条款详见附录一第九项。

（三）地方标准

部分省、直辖市针对有限空间作业和应急救援先后发布了有限空间作业技术标准，举例如下：

1. 北京市《有限空间作业安全技术规范》（DB 11/T 852—2019）

该规范包括作业环境分级标准、作业前准备、作业、安全管理和附录等内容，规定了有限空间作业环境分级、作业前准备、作业和安全管理技术要求，适用于有限空间常规作业及其安全管理。

2. 河北省《有限空间作业安全规范》（DB 13/T 5023—2019）

该规范包括有限空间类别、安全风险辨识、安全管理要求、安全技术要求、个体防护装备配备、附录等九部分内容，规定了生产经营单位涉及有限空间作业的安全风险辨识、作业流程、安全技术要求以及作业人员个体防护装备的配备等规范性要求，适用于冶金、有色、建材、机械、轻工、纺织、烟草、商贸行业生产经营单位的有限空间作业，不适用于煤矿、非煤矿山、危险化学品等有限空间作业。

3. 河南省《有限空间作业安全技术规范》（DB 41/T 2107—2021）

该规范包括危险有害因素识别、安全技术要求、安全管理要求、防护装备设施配备与管理、附录等内容，规定了有限空间作业的危险有害因素识别、安全技术要求、安全管理要求、防护装备设施配备等相关内容，适用于有限空间作业。

4. 北京市《生产安全事故应急救援评估指南》（DB 11/T 1879—2021）

该指南包括基本要求、评估程序、评估内容等内容，规定了生产安全事故应急救援评估的基本要求、评估程序和评估内容，适用于北京市范围内组织开展的生产安全事故的应急救援评估工作，不适用于核设施事故、国防科研生产安全事故的应急救援评估。

三、国外有限空间作业安全规章标准

（一）美国

美国劳工部职业安全与健康管理局（OSHA）主要通过制定和执行标准以及提供培训、宣传、教育和法律援助等方式，确保劳动者在安全和健康的条件下工作。针对一般工业、船舶修造业、建筑业等行业，在特定的OSHA标准中对有限空间进行了规定，具体如下：

1. 一般行业

OSHA于1993年出台了针对有限空间的主要强制标准《需要许可的有限空间》（*Permit-required Confined Spaces*），其后多次进行修订，提出了保护一般行业员工免受需要许可的有限空间危害的实践和程序要求，包括定义、通则、危险控制、进入许可、员工培训、相关人员职责、应急救援、员工参与等方面的详细规定，有效提高了美国有限空间安全水平和人员的安全意识。

该标准规定的一般行业范围与我国的工贸行业有所相似，但标准相关内容不适用于农业、建筑业或船舶修造业。标准中有限空间定义主要从人员作业角度描述，如人员能完全进入完成作业、进出方式受限、不是为连续工作而设计，而对于需要许可的有限空间，提出具有以下一个或多个特征：存在或可能存在危险性环境；存在可能掩埋进入空间人员的物质；内部结构可能会陷住进入者或因内部收拢的墙壁、向下倾斜并逐渐变小的地板而窒息；包含任何其他公认的严重安全或健康危害。

该标准要求雇主确保应急人员能够及时应对紧急情况。雇主必须向救援服务人员提供个人防护和救援设备，包括呼吸器，以及如何使用呼吸器的培训。救援服务人员还必须接受授权进入者的培训，以及执行指定救援任务的培训。该标准还要求所有救援人员接受急救和心肺复苏的培训。救援人员也必须被告知许可空间的危险。进入有限空间的人员必须佩戴安全带，并连接一条撤离绳索，必须确保撤离绳索的另一端连接到有限空间外的机械设备或固定点，必须有一个机械装置可以从超过五英尺（1.524m）深的垂直类有限空间中拉回一个人。

此外，针对造纸、电信、谷物处理等行业，以及浸涂、涂覆作业、焊接、切割、钎焊等作业，在OSHA针对一般行业的其他相关标准中也有涉及有限空间的特定要求。

2. 建筑业

OSHA于2015年制定了《建筑业有限空间》（*Confined Spaces in Construction*），对建筑业有限空间的范围、定义、一般要求、程序、许可过程、进入许可、培训、授权进入者及监护者职责、应急救援、员工参与等方面进行了规定。

该标准规定了有限空间作业相关人员的 4 个角色：一是经授权的有限空间作业人员，需要经过完整的有限空间作业培训，学习正确使用个体防护装备和监测空气质量等；二是辅助人员，要持续为有限空间内的作业人员提供协助，观察作业人员状况，快速决定继续在空间内作业是否安全、是否要停止作业并将人员撤离；三是监督人员，确保作业人员通过了所有安全测试，保证所有必要装备已经齐全，给作业人员签发进入许可证，并监督有限空间内的作业；四是应急人员，在紧急状况下协助作业人员撤离，要有适当的个体防护装备和救援装备，接受过培训并能熟练使用这些工具。

3. 船舶修造业

OSHA 于 2019 年修订出台了《船舶修造业有限和密闭空间及其他危险环境》(*Confined and Enclosed Spaces and Other Dangerous Atmospheres in Shipyard Employment*)，对进入有限和密闭空间前的注意事项和测试程序、安全条件保持、警示标志和标签等方面进行了规定。

除 OSHA 之外，美国国家标准学会和美国安全工程师协会(ANSI/ASSE)制定了《有限空间作业安全要求》(*Safety Requirements for Confined Spaces*)，美国消防协会(NFPA)制定了《有限空间进入和作业指南》(*Guide for Confined Space Entry and Work*)，美国职业安全与健康研究所(NIOSH)制定了《有限空间作业》(*Working in Confined Spaces*)，美国石油协会(API)制定了《石油和石化行业含惰性气体有限空间安全作业指南》(*Guidelines for Safe Work in Inert Confined Spaces in the Petroleum and Petrochemical Industries*)，构成了美国有限空间作业安全标准体系，对有限空间风险识别评估、警示标志、隔离锁定和挂牌、通风、气体检测、个人防护、人员培训、应急救援、承包商管理等方面提出了具体要求和措施，为提升有限空间作业安全水平提供了有效指导。

(二) 英国

《有限空间管理规章》(*Confined Spaces Regulations*)于 1997 年由英国健康安全委员会(U. K. Health and Safety Executive，简称 HSE)发布，该委员会为英国主管健康和生产安全的政府机构。同时，HSE 还发布了《有限空间安全作业》(*Safe Work in Confined Spaces*)作为配套的核准实务守则及指南(Approved Code of Practice and Guidance，即 ACPG，具有法律效力)，指导有限空间作业安全工作开展。

《有限空间管理规章》从职责、作业要求、应急处置、责任免除等方面进行了规定，配套的《有限空间安全作业》包括定义、适用范围、职责、风险评估、作业安全、应急处置、设备、培训等内容，为如何遵守相关的法律法规提供了实用建议，其中有限空间确认是随着内部条件或者封闭、限制程度的变化而改变的，例如焊接室、喷漆室，作业前不属于有限空间，但是作业时由于氧气的消耗或者有毒物质的积聚，也会被认定为是有限空间。

该标准规定应急救援设备除了呼吸器、防毒面罩、通信设备、安全绳索外，还包括起吊设备、起重机械、防护服等，此外还要求配备相关急救设备，例如自动体外除颤器等。同时，救援预案应获得有关部门的建议，长时间进行有限空间作业时先通知当地应急服务部门。

（三）加拿大

加拿大有限空间相关法规标准主要为国家标准 CAN/CSA Z 1006—2010《有限空间作业管理》(*Management of Work in Confined Spaces*)，其主要内容包括有限空间管理计划、角色和职责、计划、管理计划实施、调查和纠正措施、管理审查等。

该标准提出了有限空间防护优先级原则：一是优先采用预设计或者结构更改以消除有限空间或危险源；如无法消除，实施改造减少有限空间的特征要素；再次采取措施减少人员伤害。有限空间设计应遵循减少因检查、维护、清洗等进入有限空间作业的次数。二是更换低危险性材料、工艺和设备。三是采用工程控制技术。四是执行现场实时监管控制程序。五是配备个体防护装备。其规定的有限空间作业组织机构包括管理层、监管员、作业人员、服务人员、空气供给系统人员以及应急反应小组等。标准规定了有限空间作业“呼叫-回应”双向联络方式，以及自救、外部救援、进入式救援和直接威胁生命健康进入式救援四种救援方式。

该标准要求雇主应确保相关应急预案中确定的救援设备是在有限空间内随时可以进行救援的，适用于进入有限空间，且由雇主任命的具有足够知识、培训和经验的人员进行必要的检查，以确保其处于良好的工作状态。作业人员进入有限空间作业前，有限空间外必须有足够数量的、受过特定救援事项培训的人员可以立即实施现场救援程序。

四、国内外有限空间作业安全规章标准对比分析

针对我国与国外有限空间作业安全相关规章标准，从有限空间规章标准总体情况、定义、适用范围、人员及职责、企业作业审批管理、人员培训及资质、通风检测、个人防护、应急救援等方面进行了对比分析。

从有限空间作业安全规章标准总体情况来看，国外均由权威部门制定适用范围广、可操作性强的法规标准对有限空间作业过程进行规范，相关法规涉及了工业、建筑业等诸多行业领域，而我国尚无权威通用的指导性要求，除工贸、化工行业以外，对其他行业领域的有限空间作业安全管理与监督相关制度标准相对较少，缺少国家层面针对有限空间作业安全的制度文件，对相关行业领域可能涉及的有限空间界定不够清晰，相关安全监管职责落实尚不到位。

从有限空间作业安全规章标准的主要内容来看，国外对人员分类及职责、企业作业审批管理内容及程序、人员培训内容及要求、通风检测技术要求、个体防护用品的检测及维保、应急救援的设备及方式等方面有较为细致的规定，而我国虽然有相关规定，但对具体落实过程的指导性不够充分。

从有限空间作业安全相关标准来看，国外制定的有限空间作业安全标准涵盖范围广、权威性高、内容细致、指导性强，为企业开展有限空间作业安全管理提供了有力指导，而我国相关标准分散在不同行业，现行标准对有限空间的表述和范围界定不完全一致，且标准要求存在一定程度的交叉重叠，行业内部及总体均未形成有限空间作业安全标准体系，基础性、通用性标准及通风、检测、个体防护等关键性技术标准相对缺失。

第二章　有限空间基础知识

安全生产必须强基固本，不能以牺牲人的生命为代价。本章本着简明、实用的原则，阐述了有限空间和有限空间作业的定义、特点、分类，结合有限空间作业事故原因，列举了中毒、窒息、燃爆等11种安全风险和事故特点，为企业开展安全风险辨识、化解风险、消除隐患提供依据。

第一节 有限空间基本概念

一、有限空间的定义、特点和分类

（一）定义

在生产安全领域，受限空间主要是化工行业约定俗成的用语，而有限空间主要是工贸行业的规范用语。

《工贸企业有限空间作业安全规定》（应急管理部令第 13 号）规定，有限空间指封闭或者部分封闭，未被设计为固定工作场所，人员可以进入作业，易造成有毒有害、易燃易爆物质积聚或者氧含量不足的空间。

《危险化学品企业特殊作业安全规范》（GB 30871—2022）规定，受限空间指进出口受限，通风不良，可能存在易燃易爆、有毒有害物质或者缺氧，对进入人员的身体健康和生命安全构成威胁的封闭、半封闭设施及场所。

根据《有限空间作业安全指导手册》（应急厅函〔2021〕299 号）规定，有限空间指封闭或部分封闭、进出口受限但人员可以进入、未被设计为固定工作场所，通风不良，易造成有毒有害、易燃易爆物质积聚或氧含量不足的空间。

有限空间须同时满足 3 个条件和 1 个危险特征，即“3+1”条件，才能识别为有限空间，如图 2-1 所示。

3 个条件：空间封闭或者部分封闭；未被设计为固定工作场所；人员可以进入或探入。

1 个危险特征：易造成有毒有害、易燃易爆物质积聚或者氧含量不足的空间。

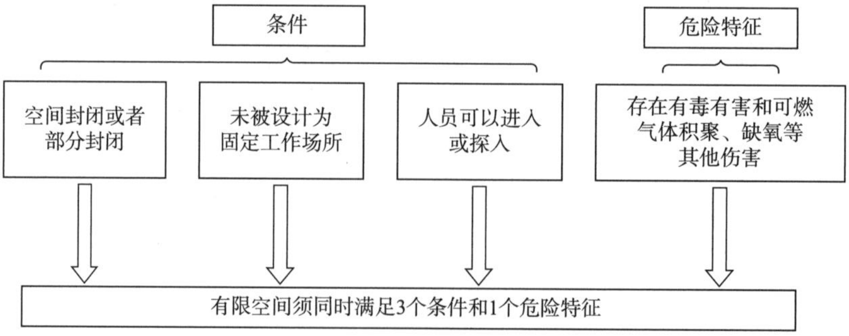

图 2-1 有限空间辨识条件

（二）特点

有限空间可能产生硫化氢、一氧化碳等有毒有害气体、易燃易爆气体或氧含量不足。作业过程中，如果防范措施不到位，可能发生人员中毒、窒息、燃爆等事故。另外，大部分有限空间作业面狭窄、环境复杂，易发生触电、机械伤害等事故。具体特点如下：

（1）空间有限，与外界相对隔离。有限空间是一个有形的，与外界相对隔离的空间。有限空间既可以是全部封闭的，如各种检查井、反应釜，也可以是部分封闭的，如敞口的污水处理池等，如图 2-2 所示。

(a)全部封闭有限空间　(b)部分封闭有限空间

图 2-2　有限空间封闭或者部分封闭

（2）进出口受限或进出不便，但人员能够进入开展有关工作。有限空间限于本身的体积、形状和构造，进出口一般与常规的人员进出通道不同，大多较为狭小，如直径 80cm 的井口或直径 60cm 的人孔；或进出口的设置不便于人员进出，如各种敞口池。虽然进出口受限或进出不便，但人员可以进入其中开展工作，如图 2-3(a)所示。如果开口尺寸或空间体积不足以让人进入，则不属于有限空间，如仅设有观察孔的储罐、安装在墙上的配电箱等，如图 2-3(b)所示。

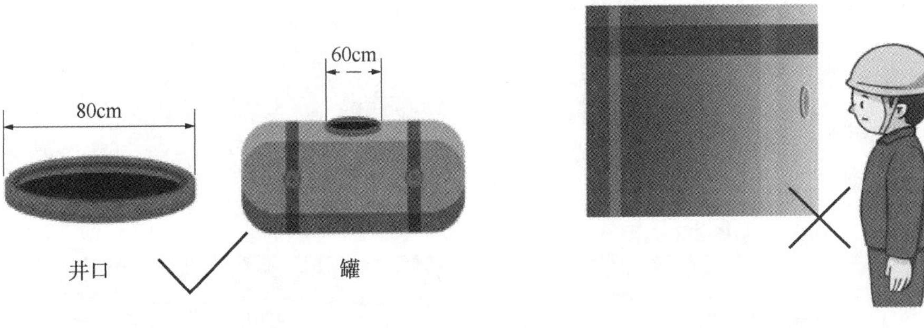

(a)直径80cm的井口或直径60cm的人孔　(b)设有观察孔的储罐

图 2-3　有限空间进出口受限但人员可以进入

（3）未按固定工作场所设计，人员只是在必要时进入有限空间进行临时性工作。有限空间在设计上未按照固定工作场所的相应标准和规范，考虑采光、照明、通风和新风量等要求，建成后内部的气体环境不能确保符合安全要求，人员只是在必要时进入进行临时性工作，如图 2-4 所示。

图 2-4　有限空间未按固定工作场所设计

（4）通风不良，易造成有毒有害、易燃易爆物质积聚或氧含量不足。有限空间因封闭或部分封闭、进出口受限且未按固定工作场所设计，内部通风不良，通风方式不正确，容易造成有毒有害、易燃易爆物质积聚或氧含量不足，产生中毒、燃爆和窒息风险。

（三）分类

有限空间主要分为三大类：封闭或部分封闭设备、地下封闭或部分封闭空间、地上封闭或部分封闭空间。

（1）地下有限空间，如地下管沟、暗沟、地坑、深基坑、煤仓、通风井、地窖、沼气池、化粪池、污水处理池、污水井、电力电缆井等，如图 2-5 所示。

(a)污水井　(b)地窖　(c)化粪池　(d)电力电缆井　(e)地下管沟　(f)污水处理池

图 2-5　地下有限空间

（2）地上有限空间，如酒糟池、发酵池、腌渍池、纸浆池、料仓、煤仓、粮仓等，如图 2-6 所示。

(a)腌渍池

(b)酒糟池

(c)煤仓

(d)粮仓

图 2-6　地上有限空间

（3）密闭设备，如储（槽）罐、车载槽罐、反应塔（釜）、窑炉、炉膛、烟道、管道及锅炉等，如图 2-7 所示。

(a)储罐

(b)车载槽罐

(c)反应塔

(d)锅炉

图 2-7　密闭设备

有限空间涉及矿山、化工、工贸、市政、电力等多个行业领域，部分行业领域常见有限空间类型详见附录二。

二、有限空间作业的定义、特点和分类

（一）定义

有限空间作业是指人员进入有限空间实施的作业。常见的有限空间作业包括但不限于以下类型：

（1）清除、清理作业，如进入污水井进行疏通，进入发酵池进行清理等。

（2）设备设施的安装、更换、维修等作业，如进入地下管沟敷设线缆、进入污水调节池更换设备等。

（3）涂装、防腐、防水、焊接等作业，如在储罐内进行防腐作业、在船舱内进行焊接作业等。

（4）巡查、检修等作业，如进入检查井、热力管沟进行巡检等。

（二）特点

（1）有限空间作业属高风险作业。如有限空间因封闭或部分封闭、进出口受限且未按固定工作场所设计，内部通风不良，通风方式不正确，容易造成有毒有害、易燃易爆物质积聚或氧含量不足，产生中毒、燃爆和窒息风险，可导致人员伤亡。

（2）作业分布行业广泛。如公共设施管理、电力、热力、燃气及水的生产和供应行业、制造业、建筑业、服务业、物业管理业，住宿和餐饮业等行业都可能涉及有限空间作业。

（3）作业地点多样化。如船舱、反应釜、储罐、管道、地下室、地窖、污水池（井）、沼气池、化粪池、地下管沟、发酵池等。

（4）作业风险具有隐蔽性和突发性。如开始进入有限空间检测时没有危害，但是在作业过程中突然涌出大量的有毒、易燃易爆气体，造成急性中毒或燃爆事故。

（5）作业期间多种危害共同存在。如有限空间存在硫化氢危害的同时，还存在缺氧、火灾、中暑等危害。

（6）多数情况下作业风险可控。只要加强培训教育，完善管理制度，保障安全投入，执行操作规程，配备个人防护用品和应急抢险设备，提高作业人员安全意识和操作技能，避免盲目救援，风险完全就可以控制。

（三）分类

1. 按作业频次划分

分为经常性作业和偶发性作业。

（1）经常性作业。有限空间作业是单位的主要作业类型，作业量大、作业频次高。例如，从事水、电、气、热等市政运行领域施工、运维、巡检等作业的单位，有限空间

作业就属于单位的经常性作业。

(2) 偶发性作业。有限空间作业仅是单位偶尔涉及的作业类型，作业量小、作业频次低。例如，工业生产领域的单位对炉、釜、塔、罐、管道等有限空间进行清洗、维修；餐饮、住宿等单位对污水井、化粪池进行疏通、清淘等有限空间作业就属于单位的偶发性作业。

2. 按作业主体划分

分为自行作业和发包作业。

(1) 自行作业指由本单位人员实施的有限空间作业。

(2) 发包作业指将作业进行发包，由承包单位实施的有限空间作业。

三、相关概念

(1) 作业单位：进入有限空间实施作业的单位。

(2) 发包单位：将有限空间作业发包给作业单位实施的单位。

(3) 作业负责人：由作业单位确定的，负责组织实施有限空间作业的管理人员。

(4) 作业人员：进入有限空间内实施作业的人员。

(5) 监护人员：为保障作业人员安全，在有限空间外对有限空间作业进行专职看护的人员。

(6) 有限空间作业安全生产条件：满足有限空间作业安全所需的安全生产责任制、安全生产规章制度、操作规程、教育培训、安全防护设备设施、应急救援设施设备、人员资质和应急处置能力等条件的总称。

(7) 评估检测：作业前，对有限空间气体进行的检测，检测值作为有限空间环境危险性分级、可否进行有限空间作业和采取防护措施的依据。

(8) 个体防护装备：从业人员在劳动过程中防御物理、化学、生物等外界因素伤害而穿戴、配备以及涂抹、使用的各种物品的总称。

(9) 有害环境：在职业活动中可能造成死亡、失去知觉、丧失逃生及自救能力、伤害或引起急性中毒的环境。

(10) 缺氧环境：空气中氧的体积分数小于19.5%的环境。

(11) 富氧环境：空气中氧的体积分数大于23.5%的环境。

(12) 紧急情况：由于任何内外原因，对核准进入有限空间的劳动者的健康或生命有可能产生危险的情形，包括控制或监测设备发生故障。

(13) 时间加权平均容许浓度：以时间为权数规定的8h工作日、40h工作周的平均容许接触浓度。

(14) 最高容许浓度：在一个工作日内，任何时间、工作地点的化学有害因素均不应超过的浓度。

（15）短时间接触容许浓度：在实际测得的8h工作日、40h工作周平均接触浓度遵守时间加权平均容许浓度的前提下，容许劳动者短时间（15min）接触的加权平均浓度。

（16）爆炸极限：可燃物质（可燃气体、蒸气、粉尘或纤维）与空气（氧气或氧化剂）均匀混合形成爆炸性混合物，其浓度达到一定的范围时，遇到明火或一定的引爆能量立即发生爆炸，这个浓度范围称为爆炸极限（或爆炸浓度极限）。形成爆炸性混合物的最低浓度称为爆炸浓度下限（LEL），最高浓度称为爆炸浓度上限（UEL），爆炸浓度的上限、下限之间称为爆炸浓度范围。

本节描述了有限空间和有限空间作业的定义、特点、分类，总结提炼了有限空间辨识的方法，对相关术语进行说明，为有限空间风险辨识奠定基础。

第二节　有限空间作业风险辨识

有限空间作业通过工作安全分析（JSA）、安全检查表法（SCL）等方法，准确开展风险辨识，明确风险部位、设施、场所和区域，有针对性地采取措施管控风险，防止事故发生。常见的风险包括中毒、缺氧窒息、燃爆等。

一、中毒

（一）危险因素分析

有限空间内存在或积聚有毒气体，作业人员吸入后会引起化学性中毒，甚至死亡。

有限空间中有毒气体可能的来源包括：有限空间内存储的有毒物质的挥发，有机物分解产生的有毒气体，进行焊接、涂装等作业时产生的有毒气体，相连或相近设备、管道中有毒物质的泄漏，清淤作业过程中因搅拌逸出的有毒有害气体等。有毒气体主要通过呼吸道进入人体，再经血液循环，对人体的呼吸、神经、血液等系统及肝脏、肺、肾脏等脏器造成严重损伤。

（二）事故特点

1. 隐蔽性与突发性

有限空间内环境相对封闭，有毒有害气体可能无色、无味或不易察觉，导致作业人员在进入前难以通过感官判断其存在。中毒事故往往在短时间内迅速发生，作业人员可能在毫无预警的情况下快速失去意识，增加救援难度。

2. 高致死率与致残率

有限空间作业中毒事故通常后果严重，致死率和致残率较高。一旦发生，短时间内吸入高浓度有毒气体可能导致人员立即昏迷乃至死亡。生存者也可能因中毒严重而遗留长期健康问题，如神经系统损伤、呼吸系统疾病等，严重影响其生活质量及劳动能力。

（三）主要中毒物质

引发有限空间作业中毒风险的典型物质有：硫化氢、一氧化碳、苯和苯系物、氰化氢、磷化氢等。

1. 硫化氢（H_2S）

硫化氢是一种无色、剧毒、有臭鸡蛋味、密度比空气大的气体。硫化氢与空气混合能形成爆炸性混合气体，遇明火、高热等点火源将引发燃烧爆炸。硫化氢易存在于污水管道、污水池、炼油池、纸浆池、发酵池、酱腌菜池、化粪池等富含有机物并易于发酵的场所。浓度增高时，人会产生嗅觉疲劳或嗅神经麻痹而不能觉察硫化氢的存在；当浓度超过 1000mg/m^3 时，数秒内即可致人闪电型死亡。

2. 一氧化碳（CO）

一氧化碳是一种无色无味的气体，密度与空气相当。易燃，与空气混合能形成爆炸性混合气体，遇明火、高热等点火源将引发燃烧爆炸。含碳燃料的不完全燃烧和焊接作业是一氧化碳的主要来源。一氧化碳与血红蛋白的亲和力比氧与血红蛋白的亲和力高 200~300 倍，因此一氧化碳极易与血红蛋白结合，形成碳氧血红蛋白，使血红蛋白丧失携氧的能力和作用，造成组织窒息，甚至导致人员死亡。

3. 苯和苯系物［苯（C_6H_6）、甲苯（C_7H_8）、二甲苯（C_8H_{10}）］

苯、甲苯、二甲苯都是无色透明、有芬芳气味、易挥发的有机溶剂。苯、甲苯、二甲苯密度比水小，难溶于水，易溶于有机溶剂。易燃，其蒸气与空气混合能形成爆炸性混合物。苯、甲苯和二甲苯通常作为油漆、黏结剂的稀释剂，在有限空间内进行涂装、除锈和防腐等作业时，易挥发和积聚。甲苯、二甲苯蒸气均具有一定毒性，对黏膜有刺激性，对中枢神经系统有麻痹作用。短时间内吸入较高浓度的苯、甲苯和二甲苯，人体会出现头晕、头痛、恶心、呕吐、胸闷、四肢无力、步态蹒跚和意识模糊，严重者出现烦躁、抽搐、昏迷症状。苯可引起各种类型白血病。

4. 氰化氢（HCN）

常温下，氰化氢是一种无色、剧毒、有苦杏仁味的液体，易在空气中挥发、弥散（沸点为 25.6℃），密度比水小。可能存在于酱腌菜池中。氰化氢轻度中毒会引起胸闷、心悸、心率加快、头痛、恶心、呕吐、视物模糊；重度中毒会引起深度昏迷状态，呼吸浅快，阵发性抽搐，甚至强直性痉挛。

5. 磷化氢（PH_3）

磷化氢是一种无色、剧毒、有类似大蒜气味或腐鱼味、密度比空气大的气体。在微生物作用下，污水处理池等有限空间可能产生磷化氢。此外，磷化氢还常作为熏蒸剂用于粮食储存以及饲料和烟草的储藏等。能与氧气、卤素发生剧烈反应。磷化氢可自燃，浓度达到一定程度时可发生爆炸，其爆炸极限为 1.8%~98%。高于 500℃分解为磷和氢。磷化氢主要损害人体神经系统、呼吸系统及心脏、肾脏、肝脏。10mg/m^3 浓度下接触 6h，人体就会出现中毒症状。

（四）典型案例

2023 年 4 月 18 日，某公司组织 4 名工作人员到脱硫池开展检修工作，18 时 40 分许，完成伸缩楼梯固定。18 时 45 分许，1 名员工穿戴防护服下到脱硫池底部，对碱液溢流管下部脱落的管道进行捆绑，捆绑过程中突然昏倒在脱硫池内。其他人员未采取有效防护措施先后下到脱硫池对被困人员施救，在施救过程中，因吸入硫化氢等有毒物质造成 4 人死亡、4 人受伤。

二、缺氧窒息

（一）危险因素分析

缺氧会对人体多个系统及脏器造成影响，甚至使人致命。空气中氧气含量不同，对人体的影响也不同，具体详见表 2-1。

表 2-1　不同氧气含量对人体的影响

氧气含量/%（体积）	对人体的影响
15~19.5	体力下降，难以从事重体力劳动，动作协调性降低，易引发冠心病、肺病等
12~15	呼吸加重，频率加快，脉搏加快，动作协调性进一步降低，判断能力下降
10~12	呼吸加重、加快，几乎丧失判断能力，嘴唇发紫
8~10	精神失常，昏迷，失去知觉，呕吐，脸色死灰
6~8	4~5min 通过治疗可恢复，6min 后 50%致命，8min 后 100%致命
4~6	40s 内昏迷、痉挛，呼吸减缓、死亡

有限空间内缺氧主要有两种情形：一是由于生物的呼吸作用或物质的氧化作用，有限空间内的氧气被消耗导致缺氧；二是有限空间内存在二氧化碳、甲烷、氮气、氩气、水蒸气和六氟化硫等气体，因自身密度不同，将排挤氧空间，使空气中氧含量降低，造成缺氧。

（二）事故特点

1. 环境氧气稀薄

缺氧窒息事故直接源于有限空间内氧气浓度低于正常水平（即低于 19.5%）。这种低氧环境可能是由于空间内部原有的空气被替换（如惰性气体填充、生物发酵耗氧等），或是作业过程中消耗氧气而未及时补充所导致。

2. 隐蔽性强

缺氧本身无气味，无法通过嗅觉察觉，作业人员在无适当监测设备的情况下，难以识别潜在风险。

3. 快速丧失意识

缺氧状态下，大脑对氧气供应的减少非常敏感。随着氧饱和度降低，作业人员可在短时间内丧失意识，从出现明显症状到昏迷仅需几分钟，没有足够时间采取自救措施或呼叫援助。

（三）主要窒息物质

引发有限空间作业缺氧风险的典型物质有：二氧化碳、氮气、氩气、氨气等。

1. 二氧化碳(CO_2)

二氧化碳是一种无色、无味、无毒、不可燃的气体。密度比空气略大，能溶于水，并形成碳酸。其来源主要为空气中本身存在的二氧化碳，以及在生产过程中作为原料使用以及有机物分解、发酵等产生的二氧化碳。当二氧化碳含量超过一定浓度时，人的呼吸会受影响。吸入高浓度二氧化碳时，几秒内人会迅速昏迷倒下，更严重者会出现呼吸、心跳停止及休克，甚至死亡。

2. 氮气(N_2)

氮气是一种无色、无味的气体。氮气是空气的主要成分，其化学性质不活泼，常用作保护气防止物体暴露于空气中被氧化，或用作工业上的清洗剂置换设备中的危险有害气体等。常压下氮气无毒，当作业环境中氮气浓度增高，可引起单纯性缺氧窒息。吸入高浓度氮气，人会迅速昏迷、因呼吸和心跳停止而死亡。

3. 氩气(Ar)

氩气是一种无色、无味的惰性气体。其作为保护气被广泛用于工业生产领域，通常用于焊接过程中防止焊接件被空气氧化或氮化。常压下氩气无毒，当作业环境中氩气浓度增高，会引发人单纯性缺氧窒息。氩气含量达到75%以上时，可在数分钟内导致人员窒息死亡。液态氩可致皮肤冻伤，眼部接触可引起炎症。

4. 氨气(NH_3)

氨气是一种无色、有毒、刺激性恶臭的气体。密度比空气小，能溶于水、乙醇和乙醚，在高温时会分解成氮气和氢气，有还原作用。有催化剂存在时可被氧化成一氧化氮。可用于冷藏食品等的冷库中。沼气池发酵、污水井、化粪池等会产生氨气。可由氮和氢直接合成而制得，能灼伤皮肤、眼睛、呼吸器官的黏膜，人吸入过多，能引起肺肿胀，甚至死亡。

（四）典型案例

2010年10月5日，某钢铁厂对精炼3#氩氧炉进行填缝及炉嘴涂抹耐材作业。砌完炉内耐火砖后，5位施工人员将平台调入3#氩氧炉内，紧固炉帽销子后，具备砌筑炉帽条件，便开始塞缝作业。作业中，张某袖标掉入炉底(距平台3m)，曹某下到炉底捡袖标时吸入窒息气体(氩气)晕倒，杨某、张某下到炉底施救过程中晕倒，共造成3人死亡。

三、燃爆

（一）危险因素分析

有限空间中积聚的易燃易爆物质与空气混合形成爆炸性混合物，若混合物浓度达到爆炸极限，遇明火、化学反应放热、撞击或摩擦火花、电气火花、静电火花等点火源时，就会发生燃爆事故。

（二）事故特点

1. 突发性强

由于有限空间内部相对封闭，易燃易爆气体（如甲烷、氢气等）可能在短时间内积聚至爆炸极限浓度。一旦遇到点火源（如明火、电气火花、静电火花等），燃爆事故瞬间发生，几乎没有预警时间，造成人员伤亡及设备损毁。

2. 破坏力大

有限空间内发生燃爆时，能量在封闭或半封闭空间内迅速释放，形成高温高压冲击波，对周围结构物产生剧烈破坏作用。这种爆炸力可能导致空间结构坍塌，设备设施严重损毁，爆炸飞射的碎片成为二次伤害源，对现场作业人员、周边相邻设备造成大规模损失。

3. 易形成连锁反应

在某些特定环境下，有限空间内的初次燃爆可能会引发其他易燃易爆物质的连锁反应，导致连续爆炸或火灾，进一步扩大事故范围和后果。尤其冶金、有色、建材、机械、轻工、纺织、烟草、商贸等行业企业生产加工所涉及的爆炸危险性相对较高的可燃性粉尘。

4. 预防难度大

有限空间作业涉及的行业广泛，作业条件各异，识别和控制潜在危险因素（如易燃易爆气体泄漏、通风不良、点火源控制不当等）较为复杂。此外，有限空间内部环境的动态变化（如气体扩散、积聚、通风效果变化等）增加了预防燃爆事故的难度。

（三）主要燃爆物质

有限空间作业中常见的易燃易爆物质有：甲烷、氢气、煤粉、小麦粉等。

1. 甲烷（CH_4）

甲烷是一种无色、无味、无毒、易燃易爆的气体。密度比空气小，微溶于水，溶于乙醇、乙醚等有机溶剂。甲烷的爆炸极限为5%～15%，遇明火或700℃以上的热源即发生爆炸；当甲烷与2倍以上的氧气混合时，遇明火或其燃点以上的热源时，即开始燃烧，并引起火灾。甲烷燃烧产物为一氧化碳和二氧化碳，也可引起中毒或缺氧。甲烷的来源主要为沼气池有机物分解和天然气管道泄漏。当空气中甲烷浓度达25%～30%时，可引起头痛、头晕、乏力、注意力不集中、呼吸和心跳加速等，若不及时远离，可致人窒息死亡。

2. 氢气(H_2)

氢气是一种无色、无臭、无毒的极易燃气体。比空气轻，极易扩散和渗透。微溶于水，不溶于乙醇、乙醚。爆炸极限为1.2%~75%，自燃温度为560℃，在一些化工生产过程中，可能涉及含氢物质的反应或储存。污水处理厂的厌氧消化池等设施中，有机物在厌氧条件下分解可能产生氢气，当空气中的含量达到爆炸极限时，遇到火源可引起爆炸。

3. 煤粉

煤粉是一种可燃、黑色的固体矿物粉末，密度比空气小，乙类火灾危险品，粉尘具爆燃性，煤粉是由尺寸不同、形状不规则的颗粒所组成，一般煤粉颗粒直径范围为0~1000μm，大多为20~50μm的颗粒；爆炸下限浓度为34~47g/m^3(粉尘平均粒径5~10μm)，最小点火能为4.5~40mJ。高温表面堆积粉尘(5mm厚)的引燃温度为225~285℃，云状粉尘的引燃温度为580~610℃。

4. 小麦粉

小麦粉是一种可燃、白色略黄的有机粉末，密度比空气小，中位径为56μm，爆炸下限为60mg/m^3，最小点火能为400mJ，最大爆炸压力为0.74MPa，当小麦粉悬浮在空气中形成粉尘云时，若遇到点火源，粉尘云引燃温度为470℃，常存在于小麦粉储存仓、输送管道及设备内部。

(四) 典型案例

2010年3月25日15时10分许，某水处理设备有限公司，在衬胶车间中部的水处理设备罐内，对其内壁井下涂刷胶浆作业，所用的照明工具为普通行灯。现场所有人员未穿着防静电工作服，15时47分，铁罐内发生爆燃，并引燃附件易燃物，喷射出的火焰将作业人员烧伤。15时49分，救援人员开展救援时，发生二次爆炸。导致1人死亡，4人受伤。

四、其他安全风险

(一) 危险因素分析

有限空间本身体积、形状和构造不同，进出口大多较为狭小，内部构造复杂，内部固有风险产生危害时，人员不便于逃离或救援，还可能存在淹溺、高处坠落、触电、机械伤害、灼烫、物体打击、坍塌、其他伤害等安全风险。

(二) 主要风险类型

1. 淹溺

夏季有时突发降雨，地下有限空间易积水，作业过程中突然涌入大量液体，以及作业人员因发生中毒、窒息、受伤或不慎跌入液体中，都可能造成人员淹溺。发生淹溺后人体常见的表现有面部和全身青紫、烦躁不安、抽筋、呼吸困难、吐带血的泡沫痰、昏迷、意识丧失、呼吸心搏停止。

如2023年12月1日上午7时许，某区开展主城区污水管线处理工程，14时45分许，污水管段作业区上、下游正常污水水位高（满管运行），作业人员没有根据实际情况在作业点上、下游管道各设置两道封堵，在下游检查井管口只放置一个气囊，且该气囊没有设置防滑动支撑措施。因下游污水水位高，造成下游管道水位顶托，未设置防滑动支撑的该道封堵气囊滑脱，导致污水管道内的作业人员发生淹溺事故，造成3人死亡。

2. 高处坠落

依据《危险化学品企业特殊作业安全规范》（GB 30871—2022），高处作业指在坠落高度基准面2m或2m以上有可能坠落的高处进行的作业。许多有限空间进出口距底部超过2m，一旦人员未佩戴有效防坠落用具，在进出有限空间或作业时有发生高处坠落的风险。高处坠落可能导致四肢、躯干、腰椎等部位受冲击而造成重伤致残，或是因脑部或内脏损伤而致命。

如2023年9月4日9时许，某特种飞行器制造有限公司在承建的某单位三期在建工程项目施工过程中，一名工人在罐体内搭建脚手架时，从约10m高的脚手架坠落至罐体底部，经医院抢救无效，约11时许死亡。

3. 触电

有限空间作业时往往需要使用电钻、电焊等工具，且釜、罐等设备属金属导体，用电不慎可能存在触电的危险造成人员伤亡。当通过人体的电流超过一定值（感知电流）时，人就会产生痉挛，不能自主脱离带电体；当通过人体的电流超过50mA，就会使人呼吸和心脏停止而死亡。

如2016年7月4日14时50分许，某公司对某单位3#垃圾焚烧锅炉维修（3#锅炉炉腔安装位置距地面高度约20m，供检修人员进出炉腔的人孔直径约0.45m），2名工作人员由人孔爬入3#锅炉炉腔内开展维修作业，在使用手拉葫芦（起重工具）吊件时，手动链条在运行过程中接触到碘钨灯（照明行灯）陶瓷夹具电源接线端子，发生触电倒地，事故造成1人死亡。

4. 机械伤害

有限空间作业过程中可能涉及机械运行，如未实施有效关停，人员可能因机械的意外启动而遭受伤害，造成外伤性骨折、出血、休克、昏迷，严重的会直接导致死亡。

如2022年3月27日8时36分许，某污水处理厂二期扩建工程施工工地，一名员工在2号板框压滤机系统的一级双轴水平螺旋输送机槽内清理水泥渣时，中控人员在未到现场查看设备的情况下，推上电源，启动2号一级螺旋输送机，导致发生一起机械伤害事故，造成 1 人死亡。

5. 灼烫

在有限空间作业时会涉及高温物体，如电焊、气割、焊接、加热等作业时；也可能存在的燃烧体、高温物体、化学品（酸、碱及酸碱性物质等）、强光、放射性物质等因素可能造成人员烧伤、烫伤和灼伤。

如 2016 年 2 月 25 日 14 时 15 分，某热电厂在 1 号炉 C 磨煤机入口热风道内检修作业过程中，发生一起热风灼烫事故，造成 3 人死亡。

6. 物体打击

有限空间外部或上方物体掉入有限空间内，以及有限空间内部物体掉落，可能对作业人员造成人身伤害。

如 2021 年 3 月 20 日上午，某钢铁集团有限公司烧结厂组织相关人员准备进入脱硫塔塔底进行开机前的检查确认，工作人员办理好检修安全报告书和进入有限空间作业许可证，11 时 15 分，4 名人员进入脱硫塔塔底进行检查确认，1 名人员在塔外人孔处进行安全监护。11 时 20 分左右，位于塔底人孔处附近的人员被上方约 20m 处从塔壁脱落的约 6kg 重的结垢击中倒地，经现场人员查看，发现结垢击中其背部，倒在地上不能说话，随后拨打急救电话，经抢救无效死亡，该事故造成 1 人死亡。

7. 坍塌

在有限空间内进行挖掘、支撑等作业时，有限空间在受到外力或重力作用下，可能因超过自身强度极限导致的顶部、侧壁或因周围环境的突然崩溃，结构稳定性破坏而引发坍塌事故。人员被坍塌的结构体掩埋后，会因压迫导致伤亡。

如 2018 年 1 月 8 日 19 时 5 分许，某水泥有限公司组织其公司雇佣人员在 3# 筒型水泥储存库内开展清库作业。9 日 5 时许，其他工作人员发现 3# 水泥储存库筒仓出料速度减慢，仓壁板结水泥及料粉大量塌落，塌落的水泥物料已经涌至库侧孔门边，物料低凹处发现清库 6 名作业人员被埋，本次事故造成 6 名现场作业人员死亡。

8. 其他伤害

根据《企业职工伤亡事故分类》（GB 6441—86），凡不属于上述伤害的事故均称为其他伤害，如掩埋、中暑、扭伤、跌伤、钉子扎伤等。

（1）掩埋

当人员进入粮仓、料仓等有限空间开展物料出仓、入仓、平仓、清仓等作业时，可能因人员体重或所携带工具重量导致物料流动而掩埋人员，或者人员进入时未有效隔离，导致物料的意外注入而将人员掩埋。人员被物料掩埋后，会因呼吸系统阻塞而窒息死亡，或因压迫、碾压而导致死亡。

如 2022 年 4 月 25 日上午 10 时 40 分，某粮贸公司院内 17 号粮仓开展清仓作业，在清仓人员未撤出仓外的情况下，辅助出粮口手闸被贸然打开，致使仓内作业人员随粮食一同坠入下溜管内，导致1人被玉米掩埋窒息死亡。

（2）中暑

有限空间内气体流通不畅，易积聚热量，比室外作业环境更加复杂，作业人员长时间在温度过高、湿度很大的环境中作业，可能会导致人体机能严重下降。高温高湿环境可使作业人员感到热、渴、烦、头晕、心慌、无力、疲倦等不适感，甚至导致人员发生中暑进而出现热衰竭、失去知觉或死亡。

如2021年6月2日14时30分，某镁业公司还原车间6号炉，操作人员在炉底进行残渣疏通作业时，发生一起高温作业中暑事故，造成1人因热射病救治无效死亡。

本节通过风险辨识，结合大量事故案例，列举了有限空间作业中毒、窒息、燃爆等11类安全风险。此外，有限空间内气体环境还会受到外界环境影响，高温、高湿等不良气候条件均会在不同程度上加剧有限空间内气体环境的恶化。有限空间作业前，对有限空间内可能存在的危险有害因素进行全面辨识和评估，是保障有限空间作业安全的重要前提。只有充分理解有限空间的风险特性，才能更好地实施有限空间作业安全管理。

第三章　有限空间作业安全管理

生产经营单位应认真履行安全生产主体责任，落实全员安全生产责任制，做到安全投入到位、安全培训到位、基础管理到位、应急救援到位，确保安全生产。本章本着实用、够用、能用的原则，对有限空间安全管理、作业安全要求、安全防护、应急预案和演练等内容进行详细的归纳和深入的分析，指导生产经营单位正确开展有限空间作业，确保安全。

第一节 基本要求

生产经营单位是安全生产的责任主体，应履行《中华人民共和国安全生产法》等相关法律法规要求。本节从生产经营单位建立健全全员安全生产责任制、建立完善各项有限空间作业安全管理制度、配置符合标准规范要求的安全防护设备设施等七个方面展开阐述。

一、全员安全生产责任制

存在有限空间的生产经营单位，应加强有限空间作业安全生产管理，建立健全有限空间作业安全管理制度，完善有限空间作业安全生产条件，确保安全生产。同时配备专职或兼职安全管理人员，负责有限空间作业的安全管理工作。

（一）建立全员安全生产责任制

《中华人民共和国安全生产法》第四条规定：生产经营单位必须遵守本法和其他有关安全生产的法律、法规，加强安全生产管理，建立健全全员安全生产责任制和安全生产规章制度。

全员安全生产责任制明确了生产经营单位内部各级领导、职能部门、岗位人员在安全生产工作中的具体职责，将安全生产责任逐级分解，落实到每个岗位和个体，形成“人人有责、各司其职”的局面，避免安全管理责任的模糊或真空。

我国法律法规强调生产经营单位必须建立健全全员安全生产责任制，这是单位依法生产经营、履行社会责任的必要条件。有限空间作业单位应根据实际情况，梳理单位涉及有限空间管理和作业的相关部门和岗位，建立有限空间作业全员安全生产责任制，内容包括但不限于安全管理部门和(或)人员、审批部门和(或)审批责任人、现场责任人、作业负责人、监护人员、作业人员及其他相关部门和人员的职责、要求、考核标准等。通过层层压实安全生产责任，单位能够更有效地识别和控制有限空间内存在的各类安全风险，及时消除安全隐患，降低事故发生概率。

（二）安全管理机构的设置及职责

设置安全管理机构、配备安全管理人员既是法律的要求，也是有限空间作业管理的重要内容，在提高安全管理水平，防止和减少事故发生方面具有不可或缺的作用。

《中华人民共和国安全生产法》第二十四条规定：矿山、金属冶炼、建筑施工、运输单位和危险物品的生产、经营、储存、装卸单位，应当设置安全生产管理机构或者配备专职安全生产管理人员。其他生产经营单位，从业人员超过一百人的，应当设置安全生产管理机构或者配备专职安全生产管理人员；从业人员在一百人以下的，应当配备专职或者兼职的安全生产管理人员。

生产经营单位安全生产管理机构以及安全生产管理人员应当履行的主要职责：

（1）组织或者参与拟订本单位安全生产规章制度、操作规程和生产安全事故应急救援预案。

（2）组织或者参与本单位安全生产教育和培训，如实记录安全生产教育和培训情况。

（3）组织开展危险源辨识和评估，督促落实本单位重大危险源的安全管理措施。

（4）组织或者参与本单位应急救援演练。

（5）检查本单位的安全生产状况，及时排查生产安全事故隐患，提出改进安全生产管理的建议。

（6）制止和纠正违章指挥、强令冒险作业、违反操作规程的行为。

（7）督促落实本单位安全生产整改措施。

生产经营单位应当严格遵守法律法规，落实相关职责，制定完善有限空间作业规章制度、操作规程和现场处置方案，根据相关要求开展培训、演练、安全检查并对排查出的隐患及时整改。

二、管理制度

建立安全生产规章制度是确保生产经营单位遵守国家法律法规、预防安全事故、保障员工生命健康、维护单位正常运营的重要举措。

生产经营单位应根据实际情况，建立并完善有限空间管理规定，并将其纳入单位安全管理制度，内容包括但不限于：作业场所安全管理、有限空间辨识、有限空间作业审批、安全宣传教育培训、承包商管理、安全检查、劳动防护用品配备和管理、安全生产奖励和惩罚、有限空间事故报告和处理等。

（一）安全管理

1. 作业场所安全管理

有限空间作业存在着中毒、窒息、燃爆等诸多风险因素，无关人员一旦进入可能面临生命危险。因此，有限空间安全警示标识的设置至关重要。根据《中华人民共和国安全生产法》第三十五条规定：生产经营单位应当在有较大危险因素的生产经营场所和有关设施、设备上，设置明显的安全警示标志。

生产经营单位对辨识出存在中毒、窒息、燃爆等潜在风险的有限空间，应在其出入口等醒目位置设置明显的安全警示标志，具备条件的场所设置安全风险告知牌，以警示有限空间的危险性，应当对可能产生有毒物质的有限空间采取上锁、隔离栏、防护网或者其他物理隔离措施，防止人员未经审批进入。监护人员负责在作业前解除物理隔离措施。

2. 作业过程安全管理

有限空间作业由于其空间相对封闭、通风不良等特点，在有限空间作业时，应严格遵守相关法律法规和操作规程，正确佩戴劳动防护用品，确保作业人员的生命安全。根据《中华人民共和国安全生产法》第五十七条规定：从业人员在作业过程中，应当严格落实岗位安全责任，遵守本单位的安全生产规章制度和操作规程，服从管理，正确佩戴和使用劳动防护用品。

生产经营单位应将现场作业全过程的步骤和安全管理措施全部纳入管理制度，包括作业审批完成后的作业准备工作，通风、检测工作的具体落实，有限空间个人防护用品佩戴情况的检查，作业过程的安全监护，完工后的收工检查。

（二）安全教育培训

开展有限空间作业安全培训可有效提高作业人员综合素质。根据《中华人民共和国安全生产法》第二十八条规定：生产经营单位应当对从业人员进行安全生产教育和培训，保证从业人员具备必要的安全生产知识，熟悉有关的安全生产规章制度和安全操作规程，掌握本岗位的安全操作技能，了解事故应急处理措施，知悉自身在安全生产方面的权利和义务。未经安全生产教育和培训合格的从业人员，不得上岗作业。

单位应当定期组织有限空间作业专题安全培训，对作业审批人、监护人员、作业人员和应急救援人员培训有限空间作业安全知识和技能，并如实记录。安全教育培训应明确有限空间作业专项安全培训的时间、对象、内容等，熟悉有限空间作业安全管理规定和安全操作规程，具备必要的安全生产知识，掌握有限空间作业操作的安全技能，增强事故预防和应急处理能力。未经培训合格不得参与有限空间作业。

（三）作业审批

《工贸企业有限空间作业安全规定》（应急管理部令第 13 号）第七条规定：对于存在硫化氢、一氧化碳、二氧化碳等中毒和窒息等风险的有限空间作业，应当由工贸企业主要负责人或者其书面委托的人员进行审批，委托进行审批的，相关责任仍由工贸企业主要负责人承担。未经工贸企业确定的作业审批人批准，不得实施有限空间作业。

《危险化学品企业特殊作业安全规范》（GB 30871—2022）第 4.6 条规定：作业前，危险化学品企业应组织办理作业审批手续，并由相关责任人签字审批。

有限空间作业审批，是一项重要的管理流程，主要用于规范和管理有限空间作业。在确保作业人员进入有限空间前了解并遵守各项安全措施的同时，确保作业监护等管理人员，做好有限空间作业的监护和应急处置准备。通过审批过程，确认作业环境达标情况、安全措施到位情况，从而提高有限空间作业的安全性和可靠性，确保作业安全。

生产经营单位应根据自身情况制订相应的作业审批规定。规定应涵盖审批部门和审批责任人、审批要求、审批内容、审批流程、审批表样式（详见附录三）和审批文件存档等内容。

（四）承包商管理

《工贸企业有限空间作业安全规定》（应急管理部令第 13 号）第八条规定：工贸企业将有限空间作业依法发包给其他单位实施的，应当与承包单位在合同或者协议中约定各自的安全生产管理职责。工贸企业对其发包的有限空间作业统一协调、管理，并对现场作业进行安全检查，督促承包单位有效落实各项安全措施。

《危险化学品企业特殊作业安全规范》（GB 30871—2022）第 4.1 条规定：作业前，危险化学品企业应组织作业单位对作业现场和作业过程中可能存在的危险有害因素进行辨识，开展作业危害分析，制定相应的安全风险管控措施。

生产经营单位将有限空间作业发包给其他单位实施时，应审查承包商是否具备相应资质和安全生产条件。资质审查通过后，生产经营单位将有限空间作业发包给承包商实施前，与承包商签订专门的安全生产管理协议，明确各自的安全生产职责。在进入现场作业前，生产经营单位应针对有限空间作业现场的特点、主要危险、应急处理措施和进入现场的安全注意事项等方面对承包商有关人员进行安全培训，做好培训记录，经考核合格的方可进入作业现场。

有限空间作业时，承包商要指定现场负责人、监护人员、作业人员。生产经营单位要派出安全管理人员，对作业活动进行统一协调、管理，并进行安全检查，及时督促整改安全问题，确保承包商严格按照有限空间作业安全操作规程施工作业。

三、安全操作规程

《中华人民共和国安全生产法》第二十一条规定：生产经营单位的主要负责人应组织制定并实施本单位安全生产规章制度和操作规程。

安全操作规程是规范员工作业行为的程序，是安全生产的保障。它在安全生产中具有重要作用，合理可行的安全操作规程能很好地规范操作，预防事故发生。有限空间作业应根据有限空间结构特点、作业内容、作业危害特点等有针对性地制订合理、可行的有限空间作业安全操作规程，涵盖有限空间作业程序、安全技术要求、注意事项等内容，具体内容详见本章第二节。

四、资料台账管理

生产经营单位应建立有限空间辨识、安全培训、应急演练等资料台账，并动态管理。

（1）有限空间辨识台账。有限空间辨识台账至少包括有限空间的名称、编号、所在位置、出入口大小、危险有害因素、风险防范措施、责任人及警示牌布置情况等信息。

（2）安全培训台账。安全培训台账至少包括培训计划、培训教案、培训签到表、培训考核记录、培训效果评估等。

（3）应急演练台账。应急演练台账包括年度演练计划、演练方案、演练全过程资料（文字和影像资料）、评估资料等。

（4）物资管理台账。物资管理台账应至少包括防护用品和应急救援装备名称、规格型号、数量、定期检验和维护情况、负责人等内容。

（5）承包商管理台账。承包商管理台账应至少包括合同、协议、验收报告等。

五、安全防护设备设施配置

《中华人民共和国安全生产法》第四十五条规定：生产经营单位必须为从业人员提供符合国家标准或者行业标准的劳动防护用品，并监督、教育从业人员按照使用规则佩戴、使用。

作业单位应配置符合国家或行业标准要求的安全防护设备设施，其选择、培训、使用、判废、更换等应符合《个体防护装备配备规范 第1部分 总则》（GB 39800.1—2020）的要求，涉及危险化学品作业时，应满足《危险化学品单位应急救援物资配备要求》（GB 30077—2023）。

（1）生产经营单位根据作业实际应配置1套围挡设施、1个具有双向警示功能或2个具有单向警示功能的有限空间作业安全告知牌。

（2）每个作业现场应配置1台泵吸式气体检测报警仪。

（3）每名作业人应配置1台扩散式气体检测报警仪、1个安全帽、1条全身式安全带。

（4）除特殊工艺要求不能通风外，每个作业现场应配置1台机械通风设备（含风管）。

（5）有限空间内照度不足时，每名作业人员应配置1台照明灯具。

（6）有限空间内外沟通不畅时，每名作业人和监护人应配置1台对讲机。

（7）生产经营单位根据作业实际可为作业人员配置自给开路式压缩空气逃生呼吸器、送风式长管呼吸器或自给开路式压缩空气呼吸器。

（8）作业人活动区域与有限空间出入口间无障碍物的，每名作业人应配置1条安全绳。

（9）竖向进出有限空间的，结合实际，每个出入口处宜配置1个速差自控器、1套三脚架（含绞盘）。

六、员工培训与能力提升

1. 培训对象

具备有限空间作业上岗基本条件的从业人员，包括有限空间作业现场负责人、审批人、监护人员、作业人员和应急救援人员。

2. 培训目的

通过有限空间作业专项安全培训，使培训对象熟悉安全生产有关法律、法规、规章和标准，熟练辨识有限空间，掌握有限空间作业的危险有害因素辨识、安全防范措施、安全操作规程和劳动防护用品的正确使用，具备与从事有限空间作业活动相适应的安全操作、自救互救、应急处置等知识和技能。

3. 培训要求

（1）应每年至少组织一次有限空间作业专题培训，对作业审批人、监护人员、作业人员培训有限空间作业安全知识和技能，并如实记录。未经培训合格的不得参与有限空间作业。

（2）培训应理论与实际相结合，突出安全操作技能培训，实际操作训练中，应采取相应安全防护措施，注重安全知识、安全意识与安全操作技能综合培养。

（3）有作业培训条件的单位可自行培训，也可委托第三方有资质的培训机构进行培训。

4. 培训内容

培训内容应符合培训要求，内容实用，能够有效提升参训人员的安全知识、技能和意识。培训内容可参考表 3-1。

表 3-1 有限空间从业人员培训内容

项目	知识点	培训内容
安全基本知识	安全生产法律法规及从业人员安全职责	1. 安全生产相关法律法规； 2. 有限空间作业人员安全职责
	有限空间作业基本知识	1. 有限空间作业定义与分类； 2. 有限空间风险分析； 3. 危险有害因素辨识； 4. 有限空间常见有害物质危险性分析； 5. 有限空间作业危险特性
安全技术基础知识	有限空间作业现场安全操作要求	1. 有限空间作业操作程序； 2. 不同有限空间作业安全注意事项； 3. 有限空间内典型危险作业
	有限空间作业安全防护设备	1. 气体检测设备； 2. 呼吸防护用品； 3. 防坠落用具； 4. 个体防护用品； 5. 安全器具
	事故应急处置	1. 应急救援的原则和方式； 2. 紧急救护与事故救援常识

续表

项目	知识点	培训内容
实际操作技能	作业前准备	1. 作业审批； 2. 设置警示设施； 3. 安全交底； 4. 安全检查
	气体检测	1. 气体检测设备的选择； 2. 气体检测设备的检查； 3. 气体检测报警仪的设置方法； 4. 气体检测设备的操作； 5. 气体浓度的读取与记录； 6. 关机； 7. 检测结果的评估
	防护用品的选择及佩戴	1. 正确使用呼吸防护用品； 2. 正确使用防坠落用具； 3. 正确使用其他个体防护用品
	应急救援	1. 自救过程； 2. 非进入式救援； 3. 进入式救援； 4. 被解救人员的安置与急救措施
有限空间典型事故案例分析		

5. 考核

培训结束后应对参训人员进行考核，考试合格，方可上岗。

七、应急救援队伍设置

《中华人民共和国安全生产法》第七十九条规定：国家加强生产安全事故应急能力建设，在重点行业、领域建立应急救援基地和应急救援队伍，并由国家安全生产应急救援机构统一协调指挥；鼓励生产经营单位和其他社会力量建立应急救援队伍，配备相应的应急救援装备和物资，提高应急救援的专业化水平。

《生产安全事故应急条例》第十条规定：易燃易爆物品、危险化学品等危险物品的生产、经营、储存、运输单位，矿山、金属冶炼、城市轨道交通运营、建筑施工单位，以及宾馆、商场、娱乐场所、旅游景区等人员密集场所经营单位，应当建立应急救援队伍；其中，小型企业或者微型企业等规模较小的生产经营单位，可以不建立应急救援队伍，但应当指定兼职的应急救援人员，并且可以与邻近的应急救援队伍签订应急救援协议。工业园区、开发区等产业聚集区域内的生产经营单位，可以联合建立应急救援队伍。

应急救援队伍在应对灾害事故、保护人民群众生命财产安全、防范化解重大安全风险等方面发挥着不可或缺的作用，是保障社会安全的重要力量。生产经营单位应当根据法律法规的要求建立救援队伍或指定兼职救援人员，提高应急救援能力和水平，确保单位安全生产，保护员工和财产安全，以及提升单位社会责任感和形象。

本节阐述了有限空间作业安全生产责任制、管理制度、操作规程、资料台账、员工培训等的基本要求，明确了生产经营单位是安全生产的责任主体，从事有限空间作业和具有有限空间作业行为的生产经营单位必须履行《安全生产法》等相关法律法规赋予义务和责任，以及应急救援队伍设置要求。

第二节　有限空间作业流程

有限空间作业是高风险作业，特别是中毒、窒息、燃爆等风险程度较高，且有限空间作业常与动火作业等其他高风险作业交叉，作业实施环节的管理至关重要。有限空间作业需按照指定程序实施，以确保工作安全且顺畅，减少事故的发生，保障作业安全、工作质量和生产效率。

作业单位可根据实际情况编制作业流程，作业流程可参考图 3-1 并调整实施。

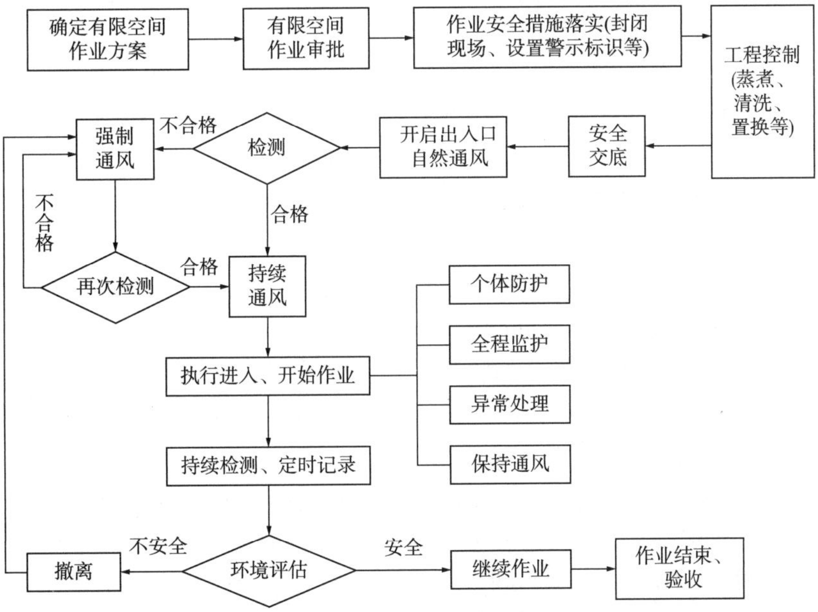

图 3-1　有限空间作业流程

一、方案编制与作业审批

（一）方案编制

有限空间作业前，应开展风险辨识与评估，根据风险评估结果，制定科学、合理、针对性强的作业方案。作业方案应包含主要作业内容、选用的主要器具及其型号参数、主要安全风险、安全防范措施及准入条件、安全操作规程、事故现场处置方案、现场拟配置的作业安全防护和应急救援装备、联络方式和信号等内容。有限空间管理负责人应组织作业方案审核，作业方案审核批准后，方可实施。

（二）职责分工

有限空间作业方案中应明确作业现场负责人、作业监护人、作业审批人、作业人员。相关人员主要职责见表 3-2。

表 3-2　作业现场负责人、作业监护人、作业审批人、作业人员主要职责

人员类别	主要职责
作业现场负责人	1. 填写有限空间作业审批材料，办理作业审批手续； 2. 对全体人员进行安全交底； 3. 确认作业人员上岗资格、身体状况符合要求； 4. 掌控作业现场情况，作业环境和安全防护措施符合要求后许可作业，当有限空间作业条件发生变化且不符合安全要求时，终止作业； 5. 发生有限空间作业事故，及时报告，并按要求组织现场处置
作业监护人	1. 接受安全交底； 2. 检查安全措施的落实情况，发现落实不到位或措施不完善时，有权下达暂停或终止作业的指令； 3. 持续对有限空间作业进行监护，确保和作业人员进行有效的信息沟通； 4. 出现异常情况时，发出撤离警告，并协助人员撤离有限空间； 5. 警告并劝离未经许可试图进入有限空间作业区域的人员
作业审批人	1. 了解和掌握有限空间内可能存在的各类危险因素； 2. 提出针对性的安全防范措施要求，督促落实防范措施； 3. 对有限空间作业进行安全检查
作业人员	1. 接受安全交底； 2. 遵守安全操作规程，正确使用有限空间作业安全防护设备与个体防护用品； 3. 服从作业现场负责人安全管理，接受现场安全监督，配合监护人员的指令，作业过程中与监护人员定期进行沟通； 4. 实时检测有限空间内有毒有害气体浓度； 5. 出现异常时立即中断作业，撤离有限空间

（三）作业审批

1. 审批管理

作业前，应组织办理作业审批手续并由相关责任人签字审批。作业过程中，涉及其他危险作业(动火作业、临时用电作业、高处作业、动土作业、盲板抽堵作业、吊装作业等)时，应分别办理相关审批手续。有限空间作业前，作业负责人应根据本单位制定的有限空间作业审批规定，办理有限空间作业审批表。

审批内容应包括但不限于是否制定作业方案、是否配备经过专项安全培训的人员、是否配备满足作业安全需要的设备设施、是否制定合理的现场处置方案、是否配备满足救援需要的应急救援装备等。审批负责人应在审批表单上签字确认，未经审批不得擅自开展有限空间作业。对于承发包作业，作业审批环节不仅在作业单位(即承包商内部)进行，还应扩展到发包单位进行延伸审批，其目的是使发包单位知晓有限空间作业安排，在实施作业前和作业过程中进行监督。

《有限空间作业审批表》有效期与存档保存时间应符合相关标准、规章。如：《危险化学品企业特殊作业安全规范》(GB 30871—2022)规定，受限空间作业票有效期不超过24h；《电力管道有限空间作业安全技术规范》(DL/T 2520—2022)规定，作业记录相关文件应留档保存，留存时间不应少于3年等。有条件的单位推荐使用电子审批表，以便存档备查，简化工作流程。

2. 审批表填写

有限空间作业审批表应经单位审批负责人签字确认，并严格执行审批、发放、延期、取消、关闭等流程。审批表应编号，不得涂改，填写有限空间作业审批表时，应注意以下要点：

(1) 有限空间名称应与实际作业对象一致，具体到设施、设备。

(2) 作业内容应填写具体内容，如清理、检修、电焊、涂刷防腐涂料等作业。

(3) 审批表中应填写作业涉及的全部人员姓名。

(4) 确认作业方案、人员培训和持证情况、设备配置等防护措施是否有效。

(5) 审批负责人应与审批规定中的人员相符。

二、作业准备

(一) 安全交底

作业前，作业负责人应对所有作业相关人员进行安全交底，明确作业内容、作业方案、作业中可能存在的危险因素、应采取的防护措施和应急救援措施等内容。交底清楚后，交底人与被交底人应进行签字确认，安全交底单应存档备查。

(二) 设备设施检查

作业前，应对作业单位配置的有限空间作业安全防护设备、个体防护装备、应急救援设备设施、作业设备和工具等进行检查，确认设备设施是否齐备、性能是否完好有效，如发现问题应立即修复或更换。

1. 安全防护设备检查

作业前，根据作业环境和作业内容应配齐围挡、安全告知牌、气体检测报警仪等，并检查是否符合以下要求：

（1）至少配备1台泵吸式气体检测报警仪，且检测报警仪的种类应与有限空间内的危险介质相匹配。

（2）现场应配置送风设备，或配置吹扫、置换设备。

（3）作业人员和监护人员应携带对讲机，保证有限空间内外通信畅通。

2. 个体防护装备检查

作业前，根据作业环境和作业内容应配齐安全帽等个体防护装备，并符合相关要求。

（1）检查现场配置的送风式长管呼吸器、正压式空气呼吸器等正压式隔绝式呼吸防护用品。

（2）检查防护鞋(靴)、防护服、防护手套、护目镜等。

（3）检查全身式安全带、安全绳、速差自控器等装备是否满足有限空间作业需要。

3. 电气设备和照明系统检查

检查进入有限空间作业使用的安全电压和安全行灯，若有限空间内存在可燃气体，严禁使用明火照明，且电气设备设施需遵循以下要求：

（1）有限空间内照明电压不高于36V，锅炉、金属容器、管道、密闭舱室、潮湿容器、狭小容器内等狭窄工作场所，行灯电压应不高于12V。

（2）行灯应有绝缘手柄和金属护罩，灯泡的金属部分不准外露。

（3）行灯应采用隔离变压器，安全电压应符合国家标准要求。变压器不准放在锅炉、加热器、水箱等金属容器内或特别潮湿的地方，绝缘电阻应不小于2MΩ，并检测合格。

（4）手持电动工具应符合国家标准要求，在电源侧加装漏电保护并确保有效。

（5）潮湿容器中，作业人员应站在绝缘板上，同时保证金属容器接地可靠。

（6）接入有限空间的电线、电缆等应在进口处进行保护和加强绝缘，且应尽量避免与人员出入使用同一出入口。

4. 机械设备检查

有限空间作业前，检查辅助作业的机械设备或有限空间中存在的搅拌器等转动部件。机械设备应满足以下要求：

（1）机械设备的运动、活动部件都应采用封闭式屏蔽，各种传动装置应设置防护装置。

（2）机械设备上的金属构件均应有牢固可靠的地线连接。

(3) 设备上附有的梯子、检修平台等应符合相关要求。

(三) 作业隔离

1. 能量隔离

能量隔离是指将潜在的、可能因失控造成人身伤害、环境损害、设备损坏、财产损失的能量进行有效的控制、隔离和保护。当作业人员在与输送管道连接的封闭(半封闭)设备内作业时，应关闭阀门，装好盲板，设置“禁止启动”等警告信息，设备上的电器电源应可靠断电，在电源开关处加锁并加挂安全警示牌确保能量隔离有效。常见的隔离类型包括机械隔离、工艺隔离、电气隔离、放射源隔离等。

(1) 机械隔离。机械隔离就是将设备、设施及装置从动力源、气体源头、液体源头物理地隔开。如转动设备检修前将其与电机分开等。

(2) 工艺隔离。工艺隔离是将流体管道上的阀门关闭和上锁，可能包括管道的泄压、冲洗以及排气措施，是机械隔离的特殊情况。如根据工艺介质理化性质、介质状态、工艺条件、管径大小等采取的单阀加盲板隔离、双阀加排空隔离、双阀排空加盲板隔离等措施。严禁用水封或关阀代替盲板隔离。

(3) 电气隔离。电气隔离就是将电路或设备部件从所有的输电源头安全可靠地分离，包括电气、仪表和通信的隔离。如在配电室将涉及作业的电机停止送电或拆开电机接线等。

(4) 放射源隔离。放射源隔离就是将设备、装置的相关放射源断开或拆离。

2. 区域隔离

区域隔离是指在进行有限空间作业时，通过设置物理屏障、警示标志以及安排专人看守等方式，将有限空间作业区域与周围非作业区域进行明确划分和分隔，以防止无关人员进入作业区域。隔离(警戒)区域应定时巡回检查、监护，并记录。

(1) 物理屏障。在有限空间作业区域周围设置坚固的围栏，明确界定作业范围。围栏高度一般不低于1.2m，材质可选用金属或塑料等。

(2) 警示标志。在围栏上和作业区域周边明显位置悬挂警示标识，如“有限空间，禁止入内”“危险作业，请勿靠近”等。标识应清晰、醒目，具有足够的警示作用。夜间实施作业，应在作业区域周边显著位置设置警示灯，人员应穿戴高可视性警示服。占用道路的有限空间作业，应在作业区域周边设置交通安全设施。

(3) 安排专人看守。在作业期间安排专人负责看守隔离区域，阻止无关人员进入。看守人员应经过培训，熟悉有限空间作业的风险和应急措施。

(四) 通风置换

1. 自然通风

有限空间作业开始前应首先利用有限空间外自然风压或有限空间内外空气的温度差

所形成的热压，对有限空间进行自然通风，时间不少于 0.5h。当有限空间还配有通风口、观察口等其他开口时，也一并开启，加强自然通风。

作业人员应站在有限空间外上风侧开启盖板、人孔等出入口。若受进出口周边区域限制，开启时可能受到内部涌出有毒有害气体气流冲击，人员应当佩戴相应的呼吸防护用品。可能存在爆炸性危险的，开启出入口时应采取防爆措施。

2. 机械通风

机械通风是快速、有效消除或降低有限空间内有毒有害气体浓度，提高氧含量，改善有限空间作业环境，保证有限空间作业安全的重要措施。

对自然通风后达不到标准要求的和处于低洼处或密闭环境等自然通风效果不良的有限空间，应采用机械通风，通风量和换气次数根据有限空间的大小等因素及相关行业或所在地方标准确定。如《城镇排水管道维护安全技术规程》(CJJ 6—2009)规定，管道内机械通风的平均风速不应小于 0.8m/s；《电力管道有限空间作业安全技术规范》(DL/T 2520—2022)规定，电力隧道设置固定机械通风系统的，机械通风风速不应大于 5m/s，隧道内换气不应小于2 次/h，并且应在作业期间全程运行。

作业环境存在爆炸危险的，应使用防爆型通风设备，否则，易发生火灾爆炸事故。有限空间设置固定机械通风系统的，应全程运行。另外，对一些有限空间中因设计或自身设备遮挡后形成的“死角”，可以设置挡板或改变吹风的方向。在既有抽风又有送风时，防止风流短路或出现“死角”。机械通风既可采用风机等设备也可用洁净的工厂风或仪表风代替。

(1) 机械通风分类

机械通风有三种方式：正压通风(机械送风)、负压通风(机械排风)、平衡通风(同时采用机械送风和排风)。

(2) 机械通风要求

正压通风要求：

① 风机应尽量放置在有限空间上风侧。

② 应向有限空间输送清洁空气，除严重窒息急救等特殊情况外，不得使用纯氧或氧含量大于 23.5%的空气进行通风换气。虽然使用纯氧通风可以达到快速提高氧含量的目的，但同时也提高了发生燃爆事故或氧中毒的概率。

负压通风要求：

① 风机应尽量放置在有限空间下风侧。

② 有限空间的吸风口应设置在下部，当存在密度与空气相同或小于空气密度的污染物时，还应在顶部增设吸风口。

通用要求：

① 使用机械通风设备，一般应与风管配合使用。

② 机械通风应考虑足够的通风量和通风时间，有效降低有限空间内有毒有害气体浓度，满足安全呼吸的要求。

③ 机械通风时要注意空气源新鲜，风机避免放置在启动中的机动车排气管附近、发动机旁等可能释放出有毒有害气体的地方。

④ 使用燃油发电机作为供电设备时，应将其放置在有限空间地面出入口下风侧并保持足够的安全距离，防止废气进入有限空间。严禁将燃油发电机放置在有限空间内使用，防止消耗大量氧气或有毒有害气体积聚，造成作业人员缺氧或有毒有害气体中毒。

⑤ 初次机械通风应分段进行，不应直接将通风管道插入有限空间底部或拟定的操作位附近。通风过程中，人员应正确穿戴个人防护用品，并确保排风口的空气流通。

⑥ 机械通风可设置岗位局部排风，辅以全面排风。当操作岗位不固定时，可采用移动式局部排风或全面排风。经局部排气装置排出的有害物质应通过净化处理，符合国家标准要求后，方可排入大气。

⑦ 有限空间通风时，应防止有限空间内的污染物通过风机再次进入有限空间。风机应设置在远离排气口的位置，宜设置在排出污染物的上风向，或者设置在离排放口足够远的位置，如图 3-2 所示。

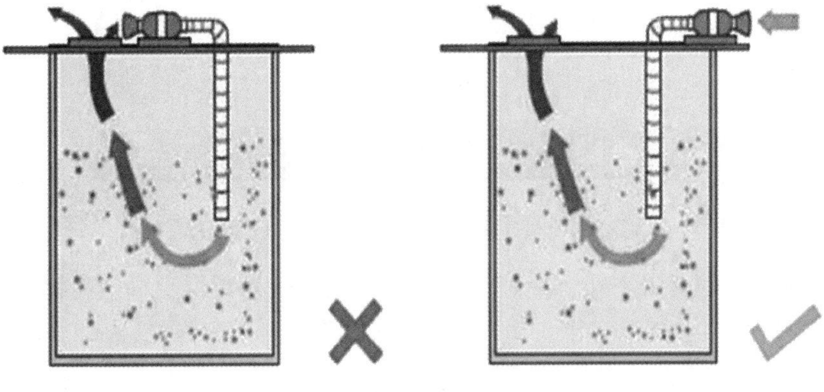

图 3-2　有限空间内通风时需避免空气受污染

⑧ 在进行机械通风时，应采取合理有效的措施确保通风效果良好。当有限空间仅有 1 个出入口时，应将机械通风设备风管(即出风口)置于作业区底部(但不触及底部)进行通风，加强空气在整个有限空间内的流动，详见图 3-3；当有限空间有 2 个或 2 个以上出入口或通风口时，应在邻近作业人员处送风，远离作业人员处排风。需要特别提醒的是，无论有限空间是仅有 1 个出入口还是有多个出入口，将风管放置在出入口处都是不合理的。

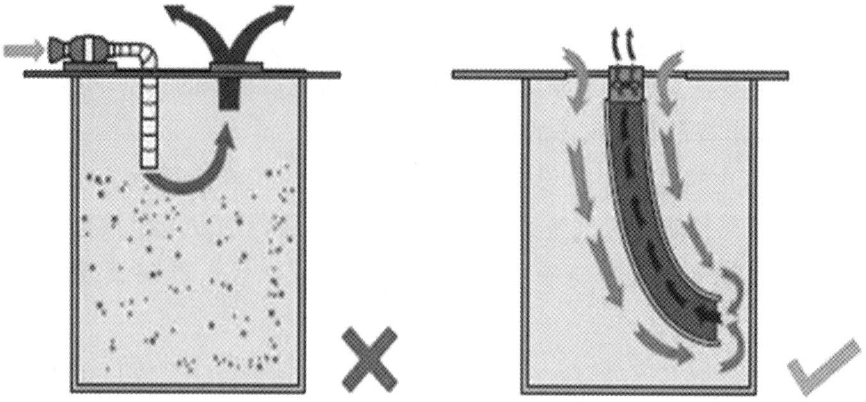

图 3-3　有限空间内空气循环示意图

⑨ 对于横向距离长的有限空间，应将新鲜空气从有限空间一端送入，将污染物从另一端排出。必要时，可以使用多个未使用输送管相连的风机输送新鲜空气，如图 3-4 所示。

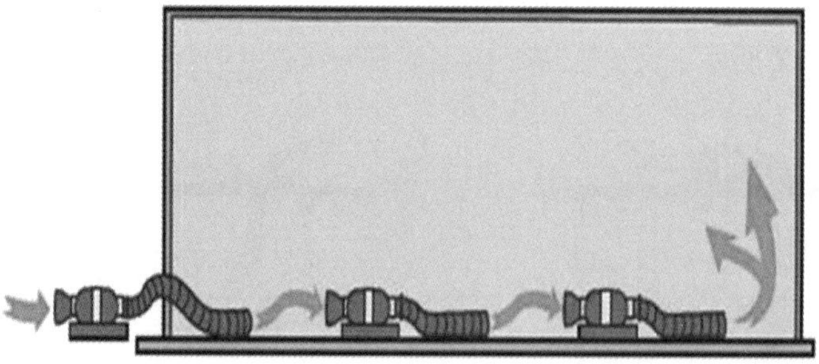

图 3-4　横向距离长的有限空间通风示意图

⑩ 对于深度大的有限空间，最好从有限空间底部吹入新鲜空气，将污染物从有限空间顶部排出，如图 3-5 所示。

图 3-5　深度大的有限空间通风示意图

⑪ 如果有限空间内的污染物比空气轻，应该使用风机和输送管将新鲜空气从有限空间底部送入，并使用风机将有害气体从有限空间上部排出，如图 3-6 所示。

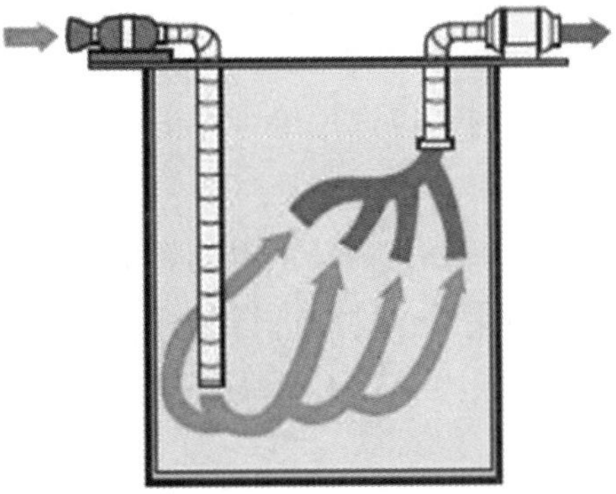

图 3-6　有限空间内污染物比空气轻时的示意图

⑫ 如果有限空间内的污染物比空气重，应该使用风机将新鲜空气从有限空间上部送入，使用风机和输送管将有害气体从有限空间底部抽出，如图 3-7所示。

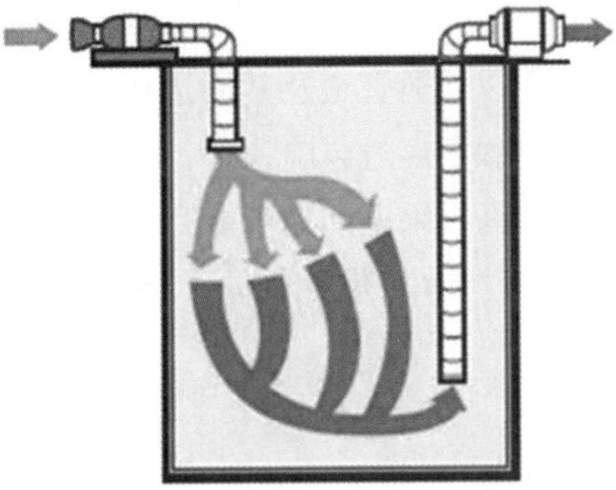

图 3-7　有限空间内污染物比空气重时的示意图

3. 清除置换

有限空间作业前，应尽可能采取有效措施，清除置换有限空间中可能残留或释放出的有毒有害物质，以及影响作业安全的其他物质，消除危险源。

（1）清除置换措施

常见的清除置换措施有：

① 开启有限空间出入口进行自然排空，如打开罐（釜）的人孔自然排空残存的有毒有害气体。倾斜存储罐或开启排放口将残留的液体、固体排出。

② 使用机械设备进行清除，如使用水泵或吸污泵将有限空间内的积水或污泥排出。

③ 使用合适的物质清洗置换，如使用溶剂清洗釜、罐等有限空间中存在的腐蚀性物质或不易挥发物质，使用氮气、二氧化碳等置换有限空间内存在的易燃易爆物质等，蒸

煮重组分的塔、罐，水解部分催化剂等特殊物料。

④ 对盛装过产生自聚物的设备容器，作业前除采取蒸煮、置换等方法外，还应做聚合物加热等试验。

（2）注意事项

① 抽积水或排除淤泥、污物时，应选用绝缘性能良好的水泵或吸污泵，防止因漏电造成人员触电。

② 使用机械设备进行清除置换时，为其供电的燃油动力设备应放置在有限空间外。

③ 使用水蒸气或保护气体净化后，均应进行充分通风，防止因水蒸气净化后有限空间内散热和凝结所产生的“真空”状态导致人员缺氧，或因保护气体浓度过高而导致人员缺氧。

（五）气体检测

气体分析检测是确保安全作业的重要手段。有限空间作业应当严格遵守“先通风、再检测、后作业”的原则，对气体环境进行评估检测，且最后一次检测应在作业开始前0.5h 内完成。

1. 检测内容

气体检测前，应对有限空间、连通管道及其周边环境进行调查，分析有限空间中可能存在的气体种类。如果这一过程已经过风险评估，也可利用辨识和评估结果分析有限空间作业环境中的气体种类。根据有限空间内可能存在的气体种类进行针对性检测，包括但不限于：氧含量、易燃易爆物质（可燃性气体、爆炸性粉尘）浓度、硫化氢浓度和相应的有毒有害气体浓度。

2. 检测要求

（1）人员要求

检测人员需培训合格，未经培训合格人员不得进行气体检测。为保障作业人员安全，进行初始检测时，人员不得进入有限空间，同时应做好自身防护。

（2）气体检测要求

气体检测应使用符合要求的气体检测报警仪。其检测范围、检测和报警精度应满足工作要求。当有限空间内气体环境复杂，作业单位使用的气体检测设备不满足检测需要时，作业单位应委托具有相应检测能力的单位进行检测。另外，有限空间内宜设置固定式气体检测报警仪或配备便携式气体检测报警仪，并在作业过程中全程运行，以确保作业人员能够第一时间知晓气体超限警报，及时停止作业撤出有限空间。

当一种气体具有有毒、燃爆双重性质时，应比较该物质引起危害发生所对应的浓度值，选择较低的浓度值作为评估标准。以硫化氢为例，表 3-3 列出了使用可燃气体检测报警仪检测硫化氢时，不同硫化氢气体浓度所代表的含义。

表 3-3 不同硫化氢浓度所代表的含义

%LEL	ppm	mg/m^3	备 注
100%	43000	61100	氧气充足的情况下，遇明火或高温物体会发生爆炸的最低浓度
10%	4300	6110	可燃气体检测报警仪设定的缺省值
1.16%	500	1441	动火分析合格判定浓度
0.7%	300	430	立即威胁生命和健康浓度（IDLH）
0.016%	7	10	最高允许浓度（MAC）

从表 3-3 可以看出，若使用可燃气体检测报警仪检测硫化氢，当检测结果达到 1.16%的 LEL 时，虽然其爆炸风险较低，但此时其浓度已达到 $1441mg/m^3$，远远超过 IDLH 和 MAC，对作业人员生命安全构成了极大威胁。因此，硫化氢气体的评估标准是 $10mg/m^3$，且必须使用专用气体检测仪检测。

大部分气体检测报警仪测得的气体浓度都是以体积浓度 ppm 表示。而按我国相关限值规定，气体浓度多以质量浓度（mg/m^3）表示。因此，读取的数据需要经过换算后，才能对其超标情况进行判断。

体积浓度 ppm 与质量浓度（mg/m^3）的换算按下式计算：

$$n=M/22.4\times ppm\times\frac{273}{273+T}\times\frac{Ba}{101325}$$

式中 n——所求的气体质量浓度值，mg/m^3；

M——气体相对分子质量；

ppm——测定的气体体积浓度值；

T——温度，℃；

Ba——压力，Pa。

例如，在忽略大气压力因素影响的情况下，环境温度为 30℃，气体检测报警仪测得污水井下硫化氢（相对分子质量为 34.08）体积浓度为 10ppm，则经过上述公式计算得到：

硫化氢质量浓度：

$$n=34.08/22.4\times10\times[273/(273+30)]\times(101325/101325)\approx13.708mg/m^3$$

这一数值已经超过国内职业卫生限制所规定的硫化氢最高容许浓度 $10mg/m^3$ 的要求。

气体检测结果作为人员进入有限空间的依据至关重要，未经通风和检测合格，任何人员不得进入有限空间作业。经检测，有限空间内气体浓度不合格的，必须对有限空间进行机械强制通风。强制通风结束或气体检测时间与作业人员进入有限空间时间间隔大于 0.5h，均应再次进行气体检测，满足相关要求后方可开展作业。

3. 检测方法

检测人员应在有限空间外的上风侧使用泵吸式气体检测报警仪检测有限空间内气体环境。检测时严格按照“测氧—测爆—测毒”的顺序进行。

当有限空间内存在积水、积泥、积液、污物时，应先在有限空间外利用工具进行清除、清洗，如果不能去除残留物质，应充分搅动，使其内部积存的气体充分释放后再进行检测。

为做到尽可能全面、真实地反映有限空间内气体环境危害程度，要合理布置检测点。检测点的布置应具有代表性、全面性，即从有限空间出入口开始，沿人员进入的方向进行。垂直方向由上至下、水平方向由近至远。

检测点的确定应满足以下要求：

（1）垂直方向检测的，要考虑气体、蒸气可能积聚的位置，设置检测点数量不应少于 3 个，上、下检测点距离有限空间顶部和底部均不应超过 1m，中间检测点均匀分布，检测点之间的距离不应超过 8m。

（2）水平方向检测的，要考虑距出入口不同位置的气体，受外界空气影响水平不同，可能会导致气体浓度不同，设置检测点数量不应少于 3 个，近端点距离有限空间出入口不应小于 0.5m，中间检测点均匀分布，远端点距离有限空间出入口不应小于 2m。

4. 数据读取和记录

检测时每个检测点的每种气体应连续检测 3 次。此外，每次检测在每个检测点都要停留一定的时间，所停留的时间应大于仪器响应时间，并增加采样管的通气时间。这样做一方面是满足检测设备的响应时间；另一方面要满足有限空间内气体通过采样管进入气体检测设备中的时间，以获取准确的检测数据。

所有检测结果必须真实地记录下来，所记录信息一般包括：

（1）检测日期。

（2）检测地点。

（3）检测位置、时间、气体种类和检测结果。

（4）负责检测人员签字。

（六）个体防护

在实施作业前，作业人员应做好个体防护。

1. 呼吸防护

若有限空间经过严格的通风、清洗、置换仍无法达到规定要求，或由于防爆、防氧化不能采用通风换气等措施以及受作业环境限制不易充分通风换气的场所，作业人员应正确佩戴并使用长管呼吸器或正压式空气呼吸器等隔绝式呼吸保护器具，严禁使用过滤式面具。呼吸防护器具应定期检测、检验符合相关要求。

另外，作业人员在有毒、缺氧环境下不得摘下面具；使用供风式面具时，必须安排专人监护供风设备。作业人员佩戴长管呼吸器时，应检查其气密性，防止长管被挤压，其吸气口应置于清洁空气上风口，并由专人监护，必要时佩戴安全绳。

2. 坠落防护

作业过程中，若存在坠落风险，作业人员应穿戴全身式安全带，利用安全带上的D形环，配合其他防坠落用具使用，降低坠落伤害。

进出有限空间过程中宜选择速差自控器配合安全带使用。一旦发生坠落，速差器可利用其内部的锁止系统进行自动锁止，减少坠落人员遭受的冲击，同时减小下坠摇摆幅度，降低撞击其他物体导致的事故伤害。

当作业人员活动区域与有限空间出入口间无障碍物时，应使用安全绳。当使用速差器和安全绳时，在有限空间外需要设置可靠挂点，将速差器、安全绳牢固地固定在挂点上，防止意外脱落影响正常使用。

3. 其他防护

作业人员在作业过程中应全程佩戴安全帽，以保护头部免受伤害。此外，有限空间作业环境还有可能面临易燃易爆、高温、噪声、涉水、带电等各种不良因素，作业人员还应针对有限空间作业环境，穿戴相应的防护服、防护手套、防护鞋、防护眼镜等个体防护用品，加强自身安全防护。

(1) 在易燃易爆的有限空间作业时，应穿阻燃防静电工作服及防静电工作鞋，使用防爆工器具，全身式安全带金属件应经过防爆处理。

(2) 存在酸碱等腐蚀性介质的有限空间，应穿戴防酸碱防护服、防护鞋、防护手套等防腐蚀用品。

(3) 存在噪声的有限空间，应佩戴耳塞或耳罩等防噪声护具。

(4) 存在粉尘的有限空间，应佩戴防尘口罩、眼罩等防尘护具。

(5) 存在低温的有限空间，应穿戴低温防护用品，必要时采取供暖措施。

(6) 存在高温的有限空间，应穿戴高温防护用品，必要时采取通风、隔热等防护措施。

(7) 涉水作业环境，应穿戴防水服、防水胶鞋等防水用品。

(8) 操作电气设备或进行电焊作业时，应配备和使用绝缘手套、绝缘鞋等防护用品。

三、作业实施

在确认作业环境、作业程序、安全防护设备、个体防护装备和应急救援设备设施符合要求后，作业负责人方能许可作业人员进入有限空间作业。

（一）进出安全

进出有限空间时应注意：

（1）进出有限空间前，应检查踏步、安全梯等辅助设施的安全性和牢固性，并在进出时蹬稳、踏牢，严禁随意蹬踩管线、电缆、电缆托（支、吊）架、托板、槽盒等附属设备。

（2）使用安全梯时，作业人员进入有限空间后任何人不得随意撤出安全梯，防止有限空间内的人员遇突发情况无法及时撤离。

（3）如果出现无踏步、踏步损坏严重或无法架设安全梯等情况时，应通过升降工具，如：三脚架和绞盘等帮助作业人员进出有限空间，严禁使用卷扬机、吊车等运送作业人员。

（4）全程应保障进出通道通畅。

（二）实时检测与持续通风

在有限空间作业过程中，工作环境气体浓度有可能发生变化，因此要在作业过程中始终保持良好通风并持续检测，确保内部作业人员的安全。当气体探测仪发出警报时，所有的进入人员必须立即撤离。

（1）若有限空间内有毒有害、易燃易爆气体浓度为零或很低，且作业过程中各项气体、蒸气浓度值能保持稳定，作业风险相对较低，此时可自然通风。

（2）在有限空间内进行涂装、防水、防腐、焊接、动火、存在内燃机等作业时，会产生易燃易爆、有毒有害气体或大量消耗氧气，必须持续进行机械通风。

有条件的单位应采用先进技术装备和工艺技法，实施机械化信息化改造提升，深化“工业互联网+安全生产”，建设监测预警系统，提高本质安全水平。

（三）作业中安全

人员在有限空间中进行作业时应注意：

（1）在有限空间内进行作业时，作业人员应遵守相应的作业操作规程，严禁“三违”作业。

（2）作业人员不得携带与作业无关的物品进入有限空间。上下传递工具时，工具使用安全绳索拴紧系牢，不得抛掷材料、工器具等物品。在有毒、缺氧环境下不得摘下防护面具。

（3）难度大、劳动强度大、时间长、高温的有限空间作业应采取轮换作业方式。

（4）不在作业区周围同时进行可能对有限空间作业相关人员安全构成威胁的其他作业。不应故意损坏、关停有限空间通风设施。

（5）停止作业期间，应在有限空间入口处增设警示标志，并采取防止人员误入的措施。

（6）作业人员应与监护人员进行有效的信息沟通。

（7）当有限空间进行动火作业时，严禁进行涂刷等其他可能产生有毒有害、可燃物质的作业。

（四）作业监护

由于有限空间作业情况复杂，危险性大，生产经营单位应当实行有限空间作业监护制，必须指派经过培训合格的专职或者兼职人员负责监护工作。

（1）监护人员应在有限空间外进行全程监护并掌握进入有限空间人员的人数和身份，不得在无任何防护措施的情况下探入或进入有限空间。

（2）监护人员应当具备与监督有限空间作业相适应的安全知识和应急处置能力，并随时与有限空间作业人员保持联络。

（3）监护人员应熟悉作业区域的环境和工艺情况，能够正确使用气体检测、机械通风、呼吸防护、应急救援等用品、装备，掌握急救知识。

（4）监护人员应对进入有限空间的人员及其携带的工器具种类、数量进行登记，待作业完毕后再次清点，防止遗漏在有限空间内。

（五）异常情况处理

在有限空间作业进行过程中有可能发生异常情况。为确保人员安全，作业期间发生下列情况之一时，作业人员应立即中断作业，撤离有限空间。

（1）作业人员出现身体不适。

（2）安全防护设备或个体防护装备失效。

（3）气体检测报警仪报警。

（4）其他可能危及作业人员生命安全的情况。

当作业中发生上述情况，作业人员再次进入有限空间前，应重新进行作业环境检测。

四、特殊作业要求

各行业有限空间作业要求基本相同，但部分行业和领域在通风、检测、作业时长等方面存在特殊要求，各领域在参考本节要求的同时若有相关法规、规章、标准等应从其规定。以下选取部分典型行业或领域规定不同之处进行说明。

（一）化工行业要求

化工行业通常将有限空间作业称作“受限空间作业”，需符合《危险化学品企业特殊作业安全规范》(GB 30871—2022)的规定。

（1）安全隔离时与有限空间连通的可能危及安全作业的管道应采用加盲板或拆除一段管道的方式进行隔离，与有限空间连通的可能危及安全作业的孔、洞应进行严密封堵。

（2）在忌氧环境中作业，通风前应对作业环境中与氧性质相抵的物料采取泄放、置换或清洗合格的措施，达到可以通风的安全条件要求。

（3）作业中断超过1h时，应重新进行气体检测分析。

（二）工贸行业要求

工贸涉及企业众多、情况复杂，有限空间作业频繁，风险较高，须符合《工贸企业有限空间作业安全规定》（应急管理部令第13号）的相关规定。

（1）工贸企业应当对有限空间进行辨识，建立有限空间管理台账，明确有限空间数量、位置以及危险因素等信息，并及时更新。

（2）工贸企业应当根据有限空间作业安全风险大小，明确审批要求。对于存在硫化氢、一氧化碳、二氧化碳等中毒和窒息等风险的有限空间作业，应当由工贸企业主要负责人或者其书面委托的人员进行审批，委托进行审批的，相关责任仍由工贸企业主要负责人承担。未经工贸企业确定的作业审批人批准，不得实施有限空间作业。

（3）存在硫化氢、一氧化碳、二氧化碳等中毒和窒息风险、需要重点监督管理的有限空间，实行目录管理。

（4）针对烟草行业，除遵守工贸行业有关规定之外还应符合《烟草企业有限空间作业安全技术规范》（YC/T 613—2024）的相关规定。具体如下：

① 作业审批有效期不应超过72h，如遇风险发生变化，应重新制定作业方案并办理审批。

② 作业过程中应对作业活动区域进行实时气体检测，至少每0.5h记录1个瞬时值，作业时间不足0.5h的，应至少记录1次。

（三）市政行业要求

市政行业有限空间作业多集中于城镇排水管道维护等方面，需符合《城镇排水管道维护安全技术规程》（CJJ 6—2009）的规定。

（1）井内水泵运行时严禁人员下井。

（2）作业人员上、下井应使用安全可靠的专用爬梯。

（3）下井人员连续作业时间不得超过1h。

（4）管道内机械通风的平均风速不应小于0.8m/s。

（5）井下作业面上的照度不宜小于50lx。

（四）电力行业要求

电力行业有限空间作业应符合《电力管道有限空间作业安全技术规范》（DL/T 2520—2022）的规定。

（1）电力管道有限空间水位深度大于300mm时，应进行抽水作业。

（2）气体检测时间与作业者进入作业时间间隔 10min 以上应当进行二次检测。

（3）当电力管道有限空间内气体环境未达到要求时，机械通风时间不少于 20min。

（4）电力隧道设置固定机械通风系统的，机械通风风速不应大于 5m/s，隧道内换气不应小于 2 次/h，并且应在作业期间全程运行。

（5）作业负责人应安排作业者轮换休息，作业者不应长时间在有限空间内实施作业，连续作业时间应符合：

① 气体检测结果显示有限空间内氧气含量合格，无有毒有害、易燃易爆气体的，作业时间不应超过 2h。

② 气体检测结果显示有限空间内氧气含量合格，存在有毒有害、易燃易爆气体但浓度不超标的，作业时间不应超过 1h。

③ 气体检测结果显示有限空间内氧气含量不合格，存在有毒有害、易燃易爆气体且浓度超标的，作业时间不应超过 0.5h。

（五）其他作业要求

缺氧作业分为一般缺氧作业和特殊缺氧作业，需符合《缺氧危险作业安全规程》（GB 8958—2006）的规定，一般缺氧作业规定与本节要求一致并适用于特殊缺氧作业。

（1）在进行钻探、挖掘隧道等作业时，必须用试钻等方法进行预测调查。发现有硫化氢、二氧化碳或甲烷等有害气体逸出时，应先确定处理方法，调整作业方案，再进行作业。

（2）在通风条件差的作业场所，如地下室、船舱等，配置二氧化碳灭火器时，应将灭火器放置牢固，禁止随便启动，防止二氧化碳意外泄出。

（3）当作业人员在特殊场所（如冷库等密闭设备）内部作业时，如果供作业人员出入的门或窗不能很容易地从内部打开而又无通信、报警装置时，严禁关闭门或窗。

（4）在地下进行压气作业时，应防止缺氧空气泄至作业场所，如与作业场所相通的空间中存在缺氧空气，应直接排出。

五、作业结束

当完成有限空间作业后，监护人员要确保进入有限空间的作业人员全部退出作业场所，清点人数无误，物资、工具无遗漏，方可关闭有限空间出入口。作业前采取隔离措施的，应解除隔离。然后清理有限空间外部环境，上述环节完成之后方可撤离现场。还需注意：

（1）作业完毕，应及时恢复作业时拆除的盖板、箅子板、扶手、栏杆、防护罩等安全设施的使用功能，恢复临时封闭的沟渠或地井等，断路施工的应恢复道路通行秩序。

（2）作业完毕，现场作业负责人应及时验收确认，并在作业审批表上签字后结束作业。

本节介绍了有限空间的作业流程，明确了作业准备、作业实施和作业结束的有关要求，指出在进入有限空间作业时，必须针对有限空间的各种危害采取相应的控制和防护措施，消除、减轻、控制其危害，以确保有限空间环境的安全，保护人员在进入有限空间的过程中及在有限空间内的整个作业期间的安全。

第三节　有限空间作业应急预案和演练

《生产安全事故应急预案管理办法》(应急管理部令第 2 号)第十五条规定：对于危险性较大的场所、装置或者设施，生产经营单位应当编制现场处置方案。现场处置方案应当规定应急工作职责、应急处置措施和注意事项等内容。事故风险单一、危险性小的生产经营单位，可以只编制现场处置方案。《工贸企业有限空间作业安全规定》(应急管理部令第 13 号)第十条规定：工贸企业应当制定有限空间作业现场处置方案，按规定组织演练，并进行演练效果评估。

生产经营单位应根据有限空间作业的特点，辨识可能存在的有限空间及安全风险，明确救援工作分工及职责、现场处置程序等，按照《生产安全事故应急预案管理办法》(应急管理部令第 2 号)和《生产经营单位生产安全事故应急预案编制导则》(GB/T 29639—2020)制定科学、合理、可行、有效的有限空间作业事故专项应急预案或现场处置方案，定期组织培训，确保有限空间作业相关人员掌握应急预案内容。

一、预案编制

（一）成立编制工作组

生产经营单位应结合本单位职能和分工，成立以单位主要负责人为组长，单位相关部门人员(如生产、技术、设备、安全、行政、人事、财务人员)参加的应急预案或现场处置方案编制工作组，明确工作职责和分工，制定工作计划，组织开展有限空间作业事故应急预案或现场处置方案编制工作，编制工作组应邀请相关救援队伍代表参加。

（二）风险识别

生产经营单位应按照有关法规标准要求，对本单位有限空间作业风险进行辨识，确定有限空间数量、位置以及危险有害因素，确定可能发生的事故类别，如：中毒、窒息、燃爆等，分析各种事故发生的可能性、危害后果和影响范围，评估确定相应事故类别的风险等级。

（三）应急资源调查

全面调查和客观分析本单位及周边单位和政府部门可请求援助的应急资源状况，撰写应急资源调查报告，内容包括但不限于本单位可调用的救援队伍、装备、物资等；针对有限空间作业过程存在的风险可采取的通风、置换、监测、监控、报警等手段；上级单位、当地政府及周边企业可提供的呼吸防护用品、救援装备等应急资源；可协调使用的医疗救护资源、专业应急抢险救援机构及其他社会化应急救援力量。

（四）预案编制与发布

应急预案包括综合应急预案、专项应急预案和现场处置方案。有限空间作业生产经营单位应当制定有限空间作业现场处置方案，根据需要制作应急处置卡。

1. 现场处置方案

现场处置方案主要包括以下内容：

（1）事故风险描述。简述有限空间作业事故风险评估的结果。

（2）应急工作职责。明确应急组织分工和职责。

（3）应急处置。包括但不限于根据可能发生的有限空间作业事故及现场情况，明确有限空间作业事故报警、各项应急措施启动、应急救护人员引导、事故扩大及同应急预案的衔接程序。针对可能发生的有限空间作业事故从人员救护、呼吸防护、坠落防护等方面制定明确的应急处置措施。明确报警人、报警电话及上级安全管理部门、应急管理部门单位联系方式和联系人，事故报告基本要求和内容。

（4）注意事项。包括人员救护和自救互救、防护救援装备使用、处置救援现场安全等方面的内容。

2. 应急处置卡

生产经营单位可针对有限空间作业事故特点编制简明、实用、有效的应急处置卡，应明确作业人员、监护人员和作业负责人的应急处置程序和措施，内容包括但不限于：

（1）主要风险类型及事故情景。

（2）针对该事故情景，明确信息报告、应急响应、处置措施和具体处置步骤、要点、方法。

（3）应急处置过程中需要的人力、设备、物资等方面的应急资源，并且明确与应急资源相关人员的联系方式。

3. 预案发布

有限空间作业事故现场处置方案和应急处置卡宜纳入单位生产安全事故预案体系同步评审，由生产经营单位主要负责人签发实施。

二、应急演练

生产经营单位应按照国家法律法规及《生产安全事故应急演练基本规范》（AQ/T 9007—2019）等标准，结合有限空间作业面临的风险及事故特点，依据有限空间作业事故现场处置方案，突出以提高指挥协调能力、应急处置能力和应急准备能力，在保证参演人员、设备设施及演练场所安全的条件下组织开展实战演练和桌面演练，深入剖析现场处置方案存在的问题，提出有效的解决对策，完善生产经营单位有限空间作业事故应急管理制度，改进有限空间作业事故应急处置措施，补充应急装备和物资，储备得当，有效增强应急救援队伍在紧急情况下妥善处置有限空间作业事故的能力，开展有限空间作业事故应急管理知识现场培训，提高参演和观摩人员风险防范意识和自救互救能力。

有限空间作业事故应急演练实施基本流程包括演练计划、演练准备、演练实施、评估总结、持续改进五个阶段。

（一）演练计划

1. 确定需求

根据有限空间作业事故特点，全面分析有限空间作业事故现场处置方案中所需的人员、装备和物资及需通过演练解决的问题，确定应急演练目标，提出应急演练的主要需求。

2. 明确任务目标

确定有限空间作业事故应急演练的事故情景类型、等级、发生地域、演练方式、参演人员、应急演练各阶段主要任务和应急演练实施的拟定日期。在明确有限空间作业事故应急演练目的的基础上，确定演练目标，演练目标应简单、具体、可观测、可实现。

3. 制定演练计划

根据需求分析及任务安排，组织人员编制有限空间作业事故演练计划。

（二）演练准备

有限空间作业事故应急演练应成立演练领导小组，负责演练活动筹备和实施过程中的组织领导工作，审定演练工作方案、演练工作经费、演练评估总结以及其他需要决定的重要事项。演练领导小组下设协调组、宣传组、保障组、评估组。根据演练规模大小，其组织机构可进行调整。

（1）协调组。负责编制有限空间作业事故应急演练工作方案和演练方案。演练安全保障方案，负责演练活动筹备、事故场景布置，演练进程控制和参演人员调度以及与相关单位、工作组的联络和协调，负责演练中断后根据安全保障方案采取应急处置措施。

（2）宣传组。负责编制演练宣传方案，整理演练信息、组织新闻媒体和开展新闻发布。

（3）保障组。负责对有限空间作业事故应急演练的物资装备、场地、经费、安全保卫及后勤保障。

（4）评估组。负责对有限空间作业事故应急演练准备、组织与实施进行全过程、全方位的跟踪评估。演练结束后，及时向演练单位或演练领导小组及其他相关专业组提出评估意见、建议，并撰写演练评估报告。

（三）演练实施

1. 现场检查

确认有限空间作业事故应急演练所需的工具、设备、设施、技术资料以及参演人员到位。对有限空间作业事故应急演练安全设备、设施进行检查确认，所有设备、设施完好，电力、通信系统正常。

2. 演练交底

有限空间作业事故应急演练正式开始前，应对参演人员进行情况说明，简要介绍应急演练规则、场景、注意事项等。

3. 启动

有限空间作业事故应急演练总指挥宣布开始应急演练，参演单位及人员按照设定的事故情景，参与应急响应行动，直至完成整个演练活动。演练总指挥可根据演练现场情况，决定是否中止或继续演练活动。

4. 执行

演练执行方式分为桌面演练与实战演练两种。

在桌面演练过程中，演练执行人员按照有限空间作业事故现场处置方案或应急演练方案发出信息指令后，参演单位和人员依据接收到的信息，以回答问题或模拟推演的形式，完成应急处置活动。通常按照录入信息、提出问题、分析决策、表达结果四个环节循环往复进行。

实战演练需要参与人员按照有限空间作业事故应急演练工作方案，开始有限空间作业事故应急演练，有序推进各个场景，完成各项有限空间作业事故应急演练活动，妥善处理各类突发情况，最后宣布结束与意外终止有限空间作业事故应急演练。通常按照信息报告、事故警戒、救援防护、救援行动、保持联络、医疗救护、清理现场等后续工作、信息反馈、成绩评定的步骤进行。

5. 演练记录

演练实施过程中，安排专门人员采用文字、照片和音像手段记录演练过程。

6. 中断

在有限空间作业事故应急演练实施过程中，出现特殊或意外情况，短时间内不能妥善处理或解决时，应急演练总指挥按照事先规定的程序和指令中断应急演练。

7. 结束

完成各项演练内容后，参演人员进行人数清点和讲评，演练总指挥宣布演练结束。

（四）评估总结

1. 准备

应急演练评估主要是通过对演练活动或参演人员的表现进行的观察、提问、听对方陈述、检查、比对、验证、实测而获取客观证据，比较演练实际效果与目标之间的差异，总结演练中好的做法，查找存在的问题。

2. 实施

（1）评估人员就位。按照有限空间作业事故应急演练评估方案安排，评估人员提前就位，做好演练评估准备工作，评估人员应佩戴袖章等明显标识物。

（2）观察记录和收集数据、信息和资料。有限空间作业事故应急演练开始后，演练评估人员通过观察、记录和收集演练信息和相关数据、资料，观察演练实施及进展、参演人员表现等情况，及时记录演练过程中出现的问题。在不影响演练进程的情况下，评估人员可进行现场提问并做好记录，评估人员在现场提问过程中，不应做出任何有可能引导或提示参演者的言行。

（3）演练评估。根据有限空间作业事故应急演练现场观察和记录，逐项对应急演练目标进行评估，并记录评估结果。

3. 总结

（1）应急演练点评。有限空间作业事故演练结束后，可选派有关代表（演练组织人员、参演人员、评估人员或相关方人员）或由参加观摩的上级主管部门代表，对演练中发现的问题及取得的成效进行现场点评。

（2）参演人员自评。有限空间作业事故演练结束后，演练单位应组织各参演人员进行自评，总结演练中的优点和不足，介绍演练收获及体会。演练评估人员应参加参演人员自评会并做好记录。

（3）评估组评估。有限空间作业事故参演人员自评结束后，演练评估组负责人应组织召开专题评估工作会议，综合评估意见。评估人员应根据演练情况和演练评估记录发表建议并交换意见，分析相关信息资料，明确存在的问题并提出整改要求和措施等。

（4）编制应急演练评估报告。有限空间作业事故应急演练现场评估工作结束后，评估组针对收集的各种信息资料，依据评估标准和相关文件资料对演练活动全过程进行科学分析和客观评价，并撰写演练评估报告。评估报告通常包括基本情况、评估过程、情况分析、评估结论、改进意见和建议。

（5）演练资料归档。有限空间作业事故应急演练活动结束后，演练组织单位应将应急演练工作方案、应急演练书面评估报告、应急演练总结报告等文字资料，以及记录演练实施过程的相关图片、视频、音频资料归档保存。

（五）持续改进

1. 现场处置方案修订完善

根据演练评估报告中对有限空间作业事故现场处置方案的改进建议，按程序进行修订完善。

2. 应急管理工作改进

有限空间作业事故应急演练结束后，演练组织单位应根据应急演练评估报告、总结报告提出的问题和建议，对有限空间作业应急管理工作(包括应急演练工作)进行持续改进。

演练组织单位应根据报告中提出的问题和不足，组织制定整改计划，明确整改目标，确定整改措施，落实整改负责人，并跟踪验证整改情况。

本节介绍了有限空间现场处置方案的编制、实施流程和应急演练的有关要求。通过加强应急演练，在突发事件发生时，企业能有组织、有秩序地实施救援行动，尽快控制事态的发展，降低事故造成的危害，减少事故损失。具体应急救援内容详见第六章。

第四节　有限空间作业管理常见问题

本节选取了部分生产经营单位在有限空间管理中的常见问题进行解答，以此帮助答疑解惑、明确重点，有效提高有限空间安全管理水平。

(1) 有限空间与受限空间的区别是什么?

《工贸企业有限空间作业安全规定》(应急管理部令第 13 号)和《危险化学品企业特殊作业安全规范》(GB 30871—2022)分别给出了“有限空间”和“受限空间”的定义。经对比可知，有限空间与受限空间的定义中都包含“封闭或者部分封闭”“未被设计为固定工作场所”“人员可以进入作业”“易造成有毒有害、易燃易爆物质积聚或者氧含量不足”这几个特点，所以两者内涵一致，并无区别，只是在不同行业领域，习惯性说法不同。

(2) 地下室、水箱、消防水池等场所是有限空间吗?

对地下室、水箱、消防水池等场所的辨识，应依据有限空间定义，看其是否同时满足定义的四个特点。可能同为水箱，由于结构、用途、内部储存物质等条件不同，辨识结果也会有所不同。例如，某消防水箱完全封闭，没有供人员进出的开口，不符合有限空间定义，不能辨识为有限空间。而另一个超纯水处理系统中的反渗透膜(RO)水箱，日常用于储存超纯水，设有人孔，且由于水处理系统使用氮气保持水质，RO 水箱内存在氧含量不足的可能，符合有限空间定义，就应辨识为有限空间。

(3) 地上冷库是否属于有限空间?

冷库通常分为高温(冷藏，又分普通冷藏和气调储藏)、低温(冷冻)库两类。依据《工贸企业有限空间作业安全规定》(应急管理部令第 13 号)第三条关于有限空间的规定，以及有关行业领域专家意见，食品企业及百货商场的地上冷库(除气调库)不属于有限空间，但其中的气调库属于有限空间。需注意冷库在进行防水作业或者是检修使用易燃易爆制冷剂的设备等存在中毒、窒息、燃爆危险的施工作业应当属于有限空间作业。

(4) 喷漆房、烤漆房，有通风设施与环保设备相连，环保设备通过抽风，把房内的气体抽入环保设备处理，是否为有限空间？

按照固定工作场所设计的喷烤漆房、调漆房、喷砂间，在通风、新风量、采光和照明等方面符合相关标准要求的，不判定为有限空间。

(5) 人员在污水池外部使用机械清洗设备进行清洗作业，属于有限空间作业吗？

人员在污水池外部使用机械清洗设备进行清洗作业，人员并未进入污水池内，所以不是有限空间作业。但需要注意的是，虽然这类作业不属于有限空间作业，但要防止人员意外进入。

(6) 对有限空间进行捞污作业，工作内容为清理漂浮垃圾，作业时人员站在池井上方，不进入有限空间内部，请问是否属于有限空间作业？是否需要办理有限空间作业许可证？

因为有限空间内部存在的有毒有害和易燃易爆气体具有扩散性，已经发生多起虽未进入有限空间内部，但在有限空间周边作业仍然出现中毒导致人员伤亡的事故。因此，当分析有限空间存在有毒有害和易燃易爆气体时，不论是否进入有限空间，在周边进行作业时，都属于有限空间作业，应执行审批制度，办理审批手续。

(7) 企业从未开展过有限空间作业，还需要建制度、做培训、配设备、搞演练吗？

企业若存在有限空间，就存在开展有限空间作业的可能性，应根据有关要求制定有限空间作业安全管理制度，定期开展专项培训，配备防护用品和应急救援装备，制定现场处置方案并开展演练。另外，即使企业不开展有限空间作业，也还存在人员在有限空间周边作业不慎跌入有限空间的情形；如果人员没有经过有限空间作业安全专项培训和事故应急救援演练，同时，企业未配备必要的防护和应急救援装备，就可能发生因盲目施救导致事故伤亡扩大。

(8) 有限空间应如何设置安全警示标志？

原则上企业应当在每个有限空间的出入口等醒目位置设置明显的安全警示标志，但对一些同类有限空间特别集中的区域，现场确实不具备在每个有限空间设置警示标志的情形，可以根据实际将集中布置的有限空间分成几个区域，分区设置安全警示标志。分区设置时，应确保安全警示标志明显、醒目，确保人员能够看见并能产生警觉。

(9) 工贸企业必须指定专人担任有限空间作业监护人员吗？需要几名监护人员？

工贸企业应明确监护人员，专门负责监督有限空间作业安全措施的落实。监护人员可为专职也可为兼职。有限空间作业现场至少要有 1 名监护人员。

(10) 对于高原缺氧地区，有限空间内氧含量能达标吗？

在有限空间内作业，氧气浓度指标规定为19.5%~21%(体积)，在富氧环境下不应大于23.5%(体积)。

从海平面到万米高空，氧气在空气中的含量均为21%(体积)左右，故高原缺氧地区有限空间内氧气含量仍然为21%左右，可以达标。尽管氧气在各海拔高度大气环境中的相对比例没有变化，但氧分压却差别很大。高原空气稀薄，氧分压低，氧气(进入身体)的绝对量变小，容易导致人体缺氧。

规范设定的指标是空气中氧气浓度(体积分数)，而不是氧分压，因此高原有限空间内氧气浓度(体积分数)是应该达标的。

(11) 有限空间作业常见有毒气体浓度判定限值表在实际工作中是怎么运用的？

有限空间作业常见有毒气体浓度判定限值可以用体积浓度(ppm)或质量浓度(mg/m^3)表示。通常单位使用的气体检测仪器会选择一种气体浓度单位，则满足对应的气体浓度限制要求即可，不需要转换计算。

(12) 在气体分析合格的有限空间内作业，为什么还要准备应急器材？

主要是基于风险预控考虑，一旦在作业过程中有突发情况出现，可及时使用应急器材采取救援措施。同时监护人员也能在做好自身防护的基础上开展施救，避免因未采取自我保护措施盲目施救而导致事态扩大化。

(13) 为什么在有限空间内作业时，监护人员不得在有限空间内监护？

监护人员若在有限空间内部监护，发生危险情况时，监护人员同样是第一时间的受害者，无法采取及时有效的报警、救护等措施；监护人员在外监护，可以密切关注有限空间内部和作业人员的情况，保证信息畅通，随时采取有效应急措施。

(14) 为什么规定进入有限空间的作业人员要配备通信设备等联络工具？

在有限空间内作业时，作业人员可能距离有限空间进出口较远再加上周围环境嘈杂，不便于与有限空间外的监护人员及相关人员随时取得联系，也不能及时反馈有限空间内环境、作业情况及存在的问题，尤其是在出现危险情况时报警、呼救不一定能被外面的监护人员第一时间听到。为保证有限空间内外人员联系通畅，及时报告险情，在有限空间内作业时，应配备相应的通信工具。

(15) 应急装备日常存放在哪？作业时，应急救援装备必须在现场吗？

应急救援装备日常应集中存放，并且存放点尽可能安排在有限空间区域附近。这样即使在有限空间发生意外伤害(如非作业情况的人员意外跌入等情况)，也方便就近获取应急救援装备。在有限空间作业时，应急救援装备应放置在作业现场。

(16) 部分应急装备是否可以在有限空间作业前临时配置？

有限空间作业专题安全培训和现场处置方案演练中都需要用到应急救援装备，因此不能在有限空间作业前临时配置。

（17）有哪些先进工艺或技术可以降低有限空间作业风险？

一是通过机械化、智能化措施替代人工作业。例如，使用联合疏通车替代人工对污水管线进行疏通作业，使用管道检测机器人或手持 CCTV（闭路电视）装备替代人工对井室（管道）进行巡检作业，使用抓斗进行取菜作业等。

二是通过工艺或设备改造减少作业频次。例如，将污水处理系统中的潜水泵更换为自吸泵，将浮渣池、污泥收集池池底由平底改为锥底并设置污泥污水泄流阀，减少人员进入进行维修作业等。

三是使用信息化、智能化隔离措施，预防人员擅自作业。例如，设置电子围栏或智能井盖等设施，通过侵入报警系统，预防非授权人员擅自进入有限空间。

四是在有限空间作业区域安装有毒有害气体浓度固定传感器和报警装置，实现有限空间作业区域有毒有害气体浓度实时监测传输。

第四章　安全防护设备和救援装备

安全防护设备和救援装备是有限空间作业安全的基础和保障。本章主要从保障有限空间作业人员的安全及在紧急情况下有效救援防护角度出发，阐述了有限空间作业常见的安全防护设备和专业救援装备的选择、使用和维护方法，为生产经营单位有限空间作业防护装备配备、使用、维保提供参考，为安全生产应急救援队伍开展有限空间作业安全技术服务和事故现场救援提供借鉴。

有限空间作业常见的安全防护设备主要有气体检测类、呼吸防护类、防坠落类、个体防护类、安全器具类；救援装备除安全防护设备外，还包括人员救生类、破拆类、急救类等，如图 4-1 所示。为提高有限空间作业人员对安全防护的认识，增强应对突发状况的能力，本章详细介绍其分类、选择、功能、特点、使用方法及维护要求，从而为有限空间作业的安全开展提供有力的支持和保障。

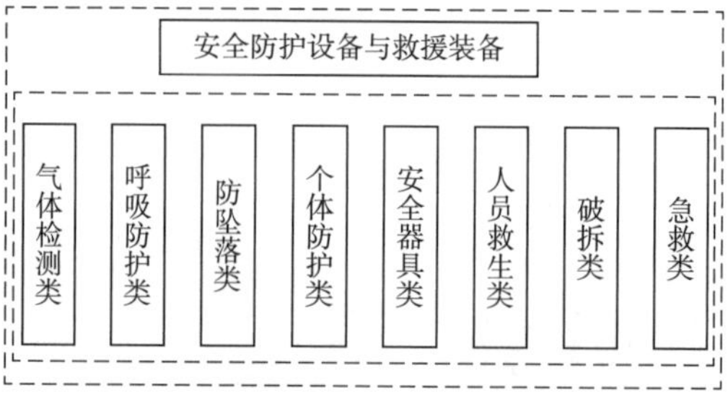

图 4-1　安全防护设备与救援装备的分类

第一节　气体检测设备

在作业人员进入有限空间前，应对有限空间内的气体进行检测，以判断气体环境是否安全。在作业过程中，还应对有限空间内气体环境实时检测，及时了解气体浓度变化并调整防护措施，确保作业人员安全。

气体检测设备主要为气体检测报警仪，可用于工作场所氧气和有毒有害气体浓度或含量的检测和报警，仪器由探测器和报警控制器组成，当气体含量达到预先设定的报警条件时，仪器可发生声光报警。常用的有固定式、移动式和便携式气体检测报警仪。便携式气体检测报警仪由于体积小、便于携带、一次性可检测一种或多种气体，能快速显示检测数据，检测结果较为可靠，可实现连续检测，是有限空间作业气体检测设备的首选。

一、便携式气体检测报警仪分类

便携式气体检测报警仪种类繁多，可按照检测对象、传感器数量、采样方式进行分类。

（一）按检测对象分类

（1）可燃气体检测报警仪。一般采用催化燃烧式、红外式、热导型、半导体式传感器。

（2）有毒气体检测报警仪。一般采用电化学型、半导体型、光离子化式传感器。

（3）氧气检测报警仪。一般采用电化学型传感器。

（二）按配置传感器的数量分类

（1）单一式检测报警仪。仪器上仅安装一个气体传感器，只能测量单一种类的气体，如甲烷(可燃气体)检测报警仪、硫化氢检测报警仪等。

(2) 复合式检测报警仪。将多种气体传感器安装在一台检测仪器中，可对多种气体同时检测。

(三) 按采样方式分类

(1) 泵吸式检测报警仪。通过使用一体化吸气泵或者外置吸气泵，将待测气体吸入检测仪器中进行检测的仪器。

(2) 扩散式检测报警仪。通过气体的自然扩散，使气体成分到达检测仪上的传感器，从而达到检测目的的仪器。

二、便携式气体检测报警仪选择

(一) 单一式与复合式

1. 单一式气体检测报警仪

单一式气体检测报警仪适用于有毒有害气体种类相对单一的环境，在复杂的环境中，这类检测报警仪可以与其他单一式气体检测报警仪或二合一、三合一等复合式气体检测报警仪配合使用，如图 4-2(a)所示。

2. 复合式气体检测报警仪

复合式气体检测报警仪在一台仪器中集成有多个传感器，可实现一机多测，同时读取多种气体浓度(含量)的功能，如图 4-2(b)、图 4-2(c)所示。

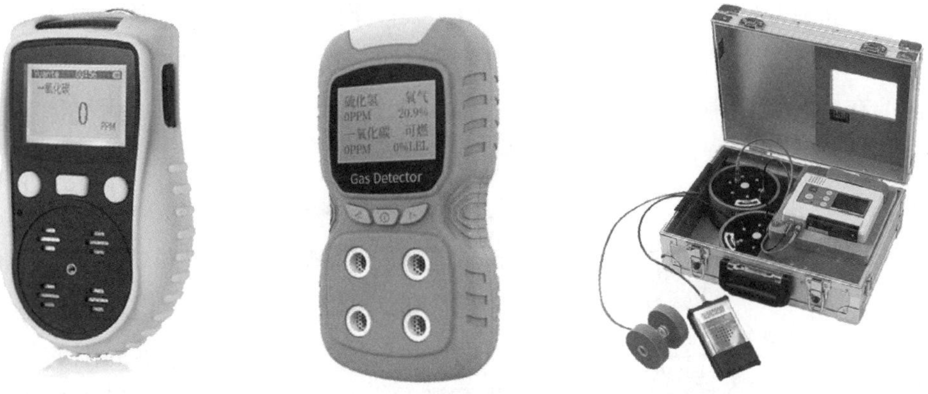

(a)单一式扩散式气体检测报警仪　(b)复合式扩散式气体检测报警仪　(c)复合式泵吸式气体检测报警仪

图 4-2　便携式气体检测报警仪

此类检测仪应用于含有两种及以上有毒有害气体的复杂环境的检测，可提高检测效率，因此广泛应用于水、电、气、热、通信等涉及城市运行维护行业的有限空间气体检测，以及化工、石化行业的密闭设备气体快速检测等。例如，可测量氧气、可燃气、硫化氢、一氧化碳和二氧化碳气体的五合一气体检测报警仪，可基本满足对污水井、化粪池、电力井、燃气井等有限空间作业场所的检测工作。生产经营单位可根据实际需要，选配相应的传感器，提高检测仪的实用性。

（二）泵吸式与扩散式

1. 泵吸式气体检测报警仪

泵吸式气体检测报警仪是在仪器内安装或外置采气泵，通过采气管将远距离的气体“吸入”检测仪器中进行检测。检测人员可以使用该类检测仪在有限空间外进行检测，最大限度保障检测人员的安全。进入有限空间前或作业过程中进入新作业面，均应选择使用泵吸式气体检测报警仪对环境进行检测。

采样泵是泵吸式气体检测报警仪的一个重要部件，主要有三种类型的采样泵，这三种采样泵的特点详见表 4-1。

表 4-1　不同形式采样泵的特点比较

采样泵形式		优　　点	缺　　点
内置采样泵		与采样仪一体，携带方便，开机泵体即可工作	耗电量大
外置采样泵	手动采样	无须电力供给，可实现检测仪在扩散式和泵吸式之间转换	采样速度慢；流量不稳定，影响检测结果的准确性
	机械泵采样	可实现检测仪在扩散式和泵吸式之间转换，还可更换不同流量采样泵	体积和质量较大，不便于携带

使用泵吸式气体检测报警仪注意事项：

（1）为将有限空间内气体抽至检测仪内，采样泵的抽力必须满足仪器对流量的需求。

（2）为保证检测结果准确有效，要为气体采集留有充分的时间。

（3）在实际使用中，要考虑到随着采气导管长度的增加，部分被测气体可能被采样管吸附或吸收，造成测得的浓度或含量低于实际水平。

2. 扩散式气体检测报警仪

扩散式气体检测报警仪主要依靠空气自然扩散，将气体样品带入检测报警仪中与传感器接触，达到检测的目的。该检测仪仅能检测仪器周围的气体，可检测的范围很小，无法进行远距离采样。其优点是能够真实反映环境中气体的自然存在状态。

此类检测报警仪适合作业人员随身携带进入有限空间，在作业过程中实时检测作业周边气体环境。一些扩散式气体检测报警仪可加装外置采样泵，转变为泵吸式气体检测报警仪，如图 4-3 所示。使用时可根据作业需要灵活转变采样动力形式。

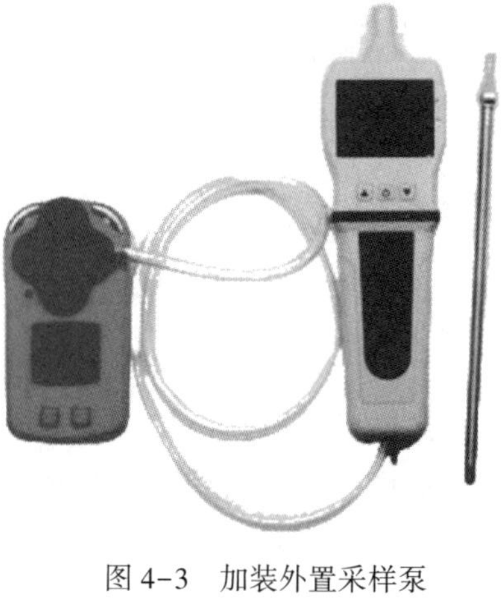

图 4-3　加装外置采样泵

三、便携式气体检测报警仪使用方法

每种检测报警仪的说明书中都详细介绍了操作、校正等步骤，使用者应认真阅读，严格按照操作说明书进行操作。一般来讲，便携式气体检测报警仪的操作过程包括四个阶段。

（一）使用前检查

气体检测报警仪在被带到现场进行检测前，应对其进行必要的检查。

1. 外观检查

检查仪器的外观是否完好，有无破损，包括防爆外壳、显示屏、按键、进气口等。

2. 开机自检

在远离污染源的“洁净”空气中开机，仪器开启后会经过一个“自检”的过程，确认电量、各传感器状态等。

（1）电量检查。很多仪器在自检的过程中会自动对电量进行检查，有些仪器在电量不足时还会做出提示。若电量不满足使用需要，应及时充电、更换电池或启用另一台检测报警仪，但不能在易燃易爆环境中更换电池或者充电，以防止因摩擦形成静电火花，引发燃爆事故。

（2）调零。检测报警仪开机自检过程中，会对传感器状态进行自检。正常情况下，显示可燃气体及有毒气体浓度的数字为“0”，氧含量数字为“20.9”，或在最小分辨率上下波动（上下应不超过5%），否则需要根据说明书提示的方法进行测试调零后才能使用。

气体检测报警仪长期使用或长期搁置后，仪器的“零点”标准可能发生改变，即表现为进入检测仪“调零”模式，仪器显示数值仍无法回到“零点”。此时，则要用已知浓度的标准气体对检测报警仪的传感器进行标定，调节仪器使得到的稳定读数与标准气体浓度相同，然后移开标准气体，仪器显示值恢复到“零点”，即完成了标定工作。

气体检测报警仪更换检测传感器后，除了需要一定的传感器活化时间外，还必须对仪器进行重新校准；另外，各类气体检测仪器第一次使用之前，一定要用标准气体对仪器进行一次检测，以保证仪器准确有效。

3. 采气管和泵系统的检查

对于泵吸式气体检测报警仪，使用前还要对采气系统进行检查。首先，应检查采气管，确保采气管完好，无刺穿、割裂现象，防止检测结果受到影响。其次，应检查机械泵的功能，很多加装机械泵的检测报警仪都有泵流量异常报警功能。检查时，可堵住入口，如果没有气体泄漏，仪器会发出低流速警报。

（二）现场检测

携带合格的检测报警仪到达作业现场后，应按照使用说明书给出的操作方法操作仪器，依据作业规程对有限空间作业环境气体进行检测。

在进入有限空间或进入新的工作面前，应使用泵吸式气体检测报警仪，将采气管一端与仪器进气口相连，另一端投入有限空间内需测定的位置，使气体通过采气管进入检测报警仪中进行检测，如图 4-4 所示。作业人员进入有限空间内作业时，应使用气体检测报警仪检测作业人员周围气体。当检测气体浓度超过设定的预警或报警值时，检测报警仪会发出声光报警信号。

有限空间外检测人员应及时读取检测结果数值并进行记录。

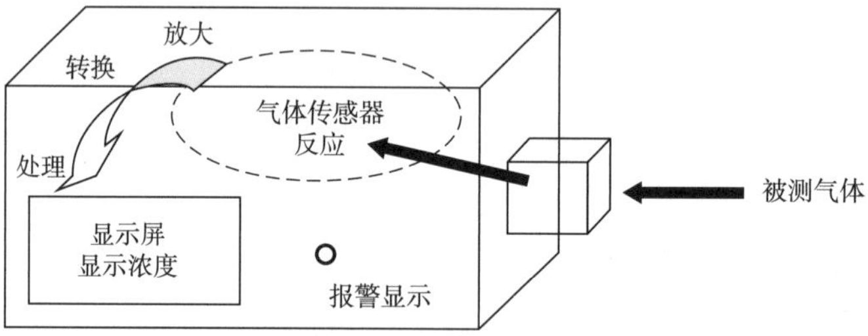

图 4-4　现场检测示意图

（三）关机

检测结束后，应将气体检测报警仪放置洁净空气中，待显示屏气体浓度或含量数值显示为设定的初始数值时才可关闭，否则会对下次使用产生影响。

（四）维护与保养

1. 定期检定

根据《实施强制管理的计量器具目录》(2020 年第 42 号)，有毒有害、易燃易爆气体检测(报警)仪不再属于强制检定的仪器，可自行选择非强制检定或者校准的方式，保证量值准确。根据《中华人民共和国计量法》，未列入强制检定目录的工作计量器具，使用单位应当自行定期检定或者送其他计量检定机构检定。因此，单位可根据传感器的使用情况定期检定，以确保仪器的正常使用，如果对仪器的检测数据有怀疑或仪器更换了主要部件及修理后应及时送检。

2. 在检测报警仪的浓度测量范围内使用

各类气体检测报警仪都有其固定的检测范围，只有在其测定范围内使用，才能保证仪器测量结果的可靠性。检测时，若待测气体浓度超出气体检测报警仪测量范围，应立即使气体检测报警仪脱离检测环境，经重新标定合格后，方可进行下一次检测。在线性范围之外的检测结果，其准确度无法保证。

此外，若长时间在测定范围以外进行检测，可能对传感器造成永久性的破坏。如可燃气体检测报警仪，如果不慎在超过可燃气体爆炸下限的环境中使用，就有可能彻底烧毁传感器。有毒气体检测报警仪长时间工作在较高浓度下，也会造成电解液饱和，造成永久性损坏。所以，一旦便携式气体检测报警仪在使用时发出超限信号(检测报警仪测的气体浓度超过仪器本身最大测量限度发出的报警信号)，之后的检测结果不一定可靠，要立即离开现场，以保证人员的安全。

3. 在检测报警仪传感器的寿命内使用

各类气体传感器都具有一定的使用年限，即寿命。检测报警仪应在传感器的有效期内使用，一旦失效，及时更换。

4. 清洗

必要时，使用柔软而干净的布擦拭仪器外壳，切勿使用溶剂或清洁剂进行清洗。

四、便携式气体检测报警仪注意事项

(一) 不同传感器可能会互相干扰

一般而言，每种传感器都对应一种特定气体，当多种气体同时存在时，其他气体可能会对待测气体的检测结果产生影响。因此，在选择一种气体传感器时，尽可能了解其他气体对该传感器的检测干扰，以对检测结果作出正确判断。比如，一氧化碳传感器对氢气有很大的反应，所以当存在氢气时，很难准确测定一氧化碳的浓度或含量；再如，氧含量不足的情况下，使用催化燃烧传感器测量可燃气浓度会有较大偏差。

(二) 报警设置

气体检测报警仪应设定报警值，并符合以下要求：

(1) 氧气应设定缺氧报警和富氧报警两级检测报警值，缺氧报警值应设定为19.5%，富氧报警值应设定为23.5%。

(2) 可燃性气体应设定报警值。可燃性气体报警值应为爆炸下限的10%。

(3) 有毒有害气体应设定报警值。有毒有害气体报警值应为《工作场所有害因素职业接触限值 第1部分：化学有害因素》(GBZ 2.1—2019)规定的最高容许浓度或短时间接触容许浓度，无最高容许浓度和短时间接触容许浓度的物质，应为时间加权平均容许浓度。常见的有毒有害气体报警值参见附录四。

(4) 其他需要考虑的因素。有限空间内气体浓度的变化可能很快，有时在很短时间内就会由安全转化为危险。例如，在疏通污水管线过程中，被包裹在污水、污泥中的硫化氢会瞬间释放出来，引起硫化氢浓度迅速升高。因此，在设置报警值时还需要考虑到以下因素：

① 工作环境到安全地带的距离。

② 引发警报时有毒有害气体浓度增加的速度。

③ 引发警报时有毒有害气体对作业人员的影响程度。

第二节　呼吸防护用品

一、呼吸防护用品分类

根据呼吸防护方法，呼吸防护用品可分为过滤式和隔绝式两大类。其中过滤式呼吸器采用自吸和动力送风两种方式，隔绝式呼吸器采用供气和携气两种方式。

（一）过滤式呼吸器

过滤式呼吸器指依靠净化部件的吸附、吸收、催化或过滤等作用，去除空气中的有害物质后作为气源的呼吸器。使用者呼吸的空气来自其所在的环境。

1. 组成

过滤式呼吸器主要由过滤元件和面罩两部分组成，有些还在过滤元件与面罩之间加呼吸管连接。

过滤元件的作用是过滤空气中的污染物，主要有防颗粒物类、防气体和蒸气类，以及防颗粒物、气体和蒸气组合类。每种过滤元件都有各自的适用范围，如果选择不当，呼吸器就不能起作用。面罩的作用是将佩戴者的呼吸器官与污染空气隔离，分为半面罩和全面罩两种。半面罩可罩住口、鼻部分，有的也包括下巴；全面罩可罩住整个面部区域，包括眼睛。

2. 分类

过滤式呼吸器可分为自吸过滤式呼吸器和动力送风过滤式呼吸器。自吸过滤式呼吸器靠使用者自主呼吸克服过滤元件阻力，吸气时面罩内压力低于环境压力，属于负压式呼吸器，具有明显的呼吸阻力。动力送风过滤式呼吸器依靠电动风机克服部件阻力，将过滤后的空气送到面罩内供使用者呼吸，送风量大于一定劳动强度下人的呼吸量，吸气过程中面罩内压力维持高于环境压力，属于正压式呼吸器。

（二）隔绝式呼吸器

隔绝式呼吸器是将佩戴者的呼吸器官完全与污染环境隔绝，依靠导气管引入作业环境以外的洁净气源或依靠本身携带的气源供佩戴者呼吸的呼吸防护用品，可分为供气式呼吸器和携气式呼吸器。

1. 供气式呼吸器

供气式呼吸器依靠空气导管，将污染环境以外的洁净空气输送给佩戴者呼吸。有使用常压气源供气的呼吸器，如自吸式长管呼吸器、连续送风式长管呼吸器。也有使用压缩空气供气的呼吸器，如高压送风式长管呼吸器。其中，依靠自主呼吸，或送风量低于佩戴者呼吸量的设计，佩戴者吸气时面罩内呈负压，属于负压式呼吸器。依靠气泵或高压空气源输送空气的设计，在一定劳动强度下能保持面罩内压力高于环境压力，属于正压式呼吸器。

（1）自吸式长管呼吸器。由面罩、吸气软管、背带和腰带、导气管、空气输入口（低阻过滤器）和警示板等部分组成。长管的一端固定在空气清新无污染的场所，另一端与面罩连接，依靠佩戴者自身的肺动力将清洁的空气经低压长管、导气管吸进面罩内，如图 4–5 所示。

图 4–5　自吸式长管呼吸器

这种呼吸器依靠自身的肺动力克服呼吸阻力，在呼吸的过程中不能总是维持面罩内为微正压，当面罩内压力下降为微负压时，佩戴者所处环境受污染的空气就有可能进入面罩内，危害佩戴者安全与健康。此外，由于该类呼吸器依靠佩戴者自身肺动力吸入作业环境以外的洁净空气，从事重体力劳动，或长时间作业时，会给佩戴该呼吸器的作业人员的呼吸带来负担，使作业人员感觉呼吸不畅。有限空间作业不宜使用该类呼吸器作为呼吸防护用品。

（2）连续送风式长管呼吸器。是以风机供气，为佩戴者输送新鲜、清洁空气的长管呼吸器。以风机供气的连续送风式长管呼吸器是有限空间作业常用的呼吸防护用品，由全面罩、导气管、背带和腰带、空气调节袋、长管、风量转换开关、电动送风机和电源线等部件组成。其使用时间不受限制，供气量较大，一般可保持面罩内微正压，如图 4–6 所示。

（3）高压送风式长管呼吸器。高压送风式长管呼吸器是以压缩空气或高压气瓶为佩戴者输送清洁空气的长管呼吸器。高压气源经压力调节装置把高压降为中压后，将气体通过长管送到面罩供佩戴者呼吸。属于正压式呼吸防护用品。该呼吸器除主气源外，还包括一个备用气源。作业时，主气源放置在有害环境外，备用的小型高压空气容器由佩戴者随身佩戴。当主气源发生意外中断供气时，可切换至备份的小型高压空气容器进行供气，保障佩戴者有足够的时间离开有害环境，如图 4–7 所示。

图 4–6　连续送风式长管呼吸器

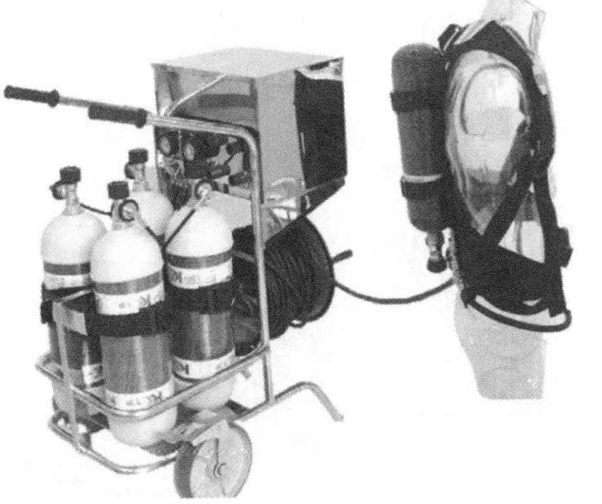

图 4–7　高压送风式长管呼吸器

供气式呼吸器供佩戴者呼吸的气源来自作业环境以外的洁净空气，作业环境空气中的有害物质种类对其影响较小，其使用时间主要取决于供气装置。如连续送风式长管呼吸器，其使用时间只由电动风机或空压机的运转时间决定，一般情况下能够保证长时间使用；高压送风式长管呼吸器使用时间则由气瓶容量和佩戴者的呼吸量确定，一般较为有限。但需要注意，供气式呼吸器的空气导管会限制使用者的活动范围，且具有意外弯折、断裂导致供气中断的风险，高压送风式长管呼吸器的气瓶供气时间有限，使用过程中应注意看护。

2. 携气式呼吸器

携气式呼吸器佩戴者呼吸的空气来自其自身携带的气瓶，气瓶内的高压气体经降压后输送到全面罩内供给佩戴人员呼吸，一般能够维持呼吸面罩内的正压。常见携气式呼吸器有自给开路式压缩空气呼吸器、自给开路式压缩空气逃生呼吸器、氧气呼吸器等。

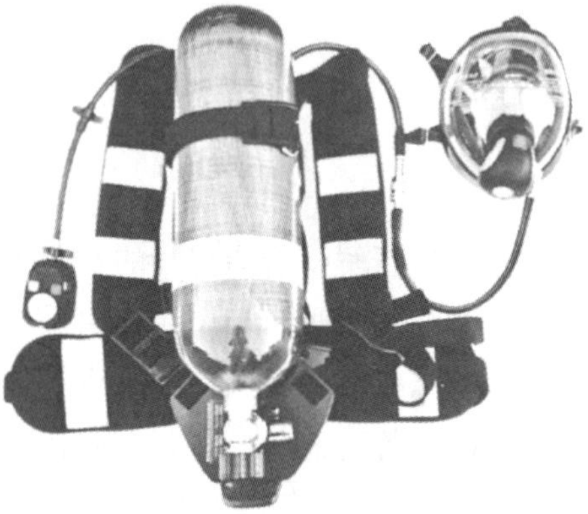

图 4-8　自给开路式压缩空气呼吸器

（1）自给开路式压缩空气呼吸器。自给开路式压缩空气呼吸器，也称正压式空气呼吸器。是利用面罩与佩戴人员面部周边密合，使人员的呼吸器官、眼睛和面部与外界染毒空气或缺氧环境完全隔离，具有自带压缩空气源供给人员呼吸所用的洁净空气，呼出的气体直接排入大气中的一种呼吸器。是一种正压式、携气式呼吸防护用品。其指定防护因数大于 1000，可在 IDLH（立即威胁生命和健康浓度）环境中独立使用，是防护级别最高的呼吸防护用品，如图 4-8 所示。

（2）自给开路式压缩空气逃生呼吸器。自给开路式压缩空气逃生呼吸器是具有自带的压缩空气源，能供给人员呼吸所用的洁净空气，呼出的气体直接排入大气，用于逃生的一种呼吸器。属于正压式呼吸器。其包括的基本部件有全面罩或头罩、供气阀、连接件、呼吸导管、减压器、高压部件（高压管、阀、连接件）、压力指示器、气瓶阀、气瓶、背具等，如图 4-9 所示。

(a)配全面罩的自给开路式压缩空气逃生器　　(b)配送气头罩的自给开路式压缩空气逃生器

图 4-9　自给开路式压缩空气逃生器

携气式呼吸器供佩戴者呼吸的气源来自其自身携带的气瓶装置，不受佩戴者所在环境空气中的有害物质种类和浓度的影响，安全性高。但是，由于气瓶容量有限，携气式呼吸器的使用时间有限，使用时应密切关注气瓶压力，确保有足够的时间离开危险场所。此外，携气式呼吸器设备较重，会增加佩戴者的负担，其体积相对其他类型的呼吸器大，进入狭小空间也会受到一定限制。

（3）氧气呼吸器。氧气呼吸器主要由供氧系统、正压呼吸循环系统、安全及报警系统和背具系统等四大部分组成，如图 4-10 所示。在开始使用时，高压氧气经减压阀减压后，进入气囊(呼吸舱)，补充工作人员呼吸所消耗掉的氧气。同时，呼出的气体不排入大气中，而是经面罩的呼气阀进入清净罐，由清净罐将二氧化碳吸收后进入气囊(呼吸舱)，与气囊(呼吸舱)中的氧气混合，组成含氧空气，经面罩的吸气阀、导气管进入面罩，供给工作人员呼吸，完成一个完整的呼吸循环过程。

图 4-10　氧气呼吸器

二、呼吸防护用品的选择

（一）呼吸防护方法

1. 净气法

净气法又称净化法，是使吸入的气体经过净化部件去除有害物质，获得较清洁的空气供佩戴者使用的方法。

2. 供气法

供气法提供一个独立于作业环境的呼吸气源，通过空气导管、软管或佩戴者自身携带的供气(空气或氧气)装置向佩戴者输送呼吸的气体。

（二）呼吸防护用品选择原则

（1）在没有防护的情况下，任何人不应暴露在能够或可能危害健康的空气环境中。

（2）应根据国家的有关职业卫生标准对作业环境进行评价，识别有害环境性质，判定危害程度。

（3）应首先考虑采取工程措施控制环境中有害物质浓度。若工程措施因各种原因无法实施，或无法完全消除环境中的有害物质，以及在工程措施未生效期间，仍需在有害环境中作业的，应根据作业环境、作业状况和作业人员特点选择适合的呼吸防护用品。

（4）应选择国家认可的、符合标准要求的呼吸防护用品。

（5）选择呼吸防护用品时还应参照使用说明书的技术规定，符合其适用条件。

（三）根据有害环境选择呼吸防护用品

选择呼吸防护用品之前，应首先判定有害环境的性质和危害程度。属于 IDLH（立刻威胁生命和健康浓度）环境的，应选择 IDLH 环境适用的呼吸防护用品。不属于 IDLH 环境的，应根据国家有关职业卫生标准规定的浓度，计算危害因数，选择指定防护因数大于危害因数的呼吸防护用品；若空气中同时存在多种有害物质，应分别计算每种有害物质的危害因数，取其中最大的数值作为危害因数。

以下环境应判定为 IDLH 环境，除此以外的环境应判定为非 IDLH 环境：

（1）有害环境性质未知。

（2）缺氧，或无法确定是否缺氧。

（3）有害物质浓度未知、达到或超过 IDLH 浓度，常见有害物质 IDLH 浓度见表 4-2。

表 4-2 常见有害物质 IDLH 浓度

化学物质	IDLH 值/ppm	1ppm 换算 mg/m^3 系数（20℃）	IDLH 值/（mg/m^3）（20℃）	化学物质	IDLH 值/ppm	1ppm 换算 mg/m^3 系数（20℃）	IDLH 值/（mg/m^3）（20℃）
硫化氢	300	1.42	430	一氧化碳	1500	1.16	1700
磷化氢	200	4.41	280	苯	3000	3.25	9800
甲苯	2000	3.83	7700	二甲苯	1000	4.41	4400
氨	500	0.71	360	乙醛	10000	1.83	18000
丙酮	20000	2.42	48000	乙酸	1000	2.50	2500
液化石油气	19000	1.80	34000	氯化氢	100	1.52	
氰化氢	50	1.12	56	甲醛	30	1.23	37
二硫化碳	500	3.16	1600	己烷	5000	3.58	18000
二氧化碳	50000	1.83	92000	溴化氢	50	3.36	170
二氧化硫	100	2.66	270	异丙醇	12000	2.50	30000
四氯化碳	300	6.39	1900	氯	30	2.95	88

1. IDLH 环境的防护

有害环境属于 IDLH 环境的，可选用的呼吸防护用品有：

（1）配全面罩的正压式携气式呼吸器。

（2）在配备适合的辅助逃生型呼吸器的前提下，配全面罩或送气头罩的正压式供气式呼吸器。

2. 非 IDLH 环境的防护

有害环境非 IDLH 环境的，应根据有害气体危害因数，选择指定防护因数大于危害因数的呼吸防护用品。各类呼吸防护用品的防护能力不同，其相应的指定防护因数见表 4–3。

表 4–3　各类呼吸防护用品的指定防护因数

呼吸防护用品类型	面罩类型	正压式	负压式
自吸过滤式	半面罩	不适用	10
	全面罩		100
送风过滤式	半面罩	50	不适用
	全面罩	>200 且<1000	
	开放型面罩	25	
	送气头罩	>200 且<1000	
供气式	半面罩	50	10
	全面罩	1000	100
	开放型面罩	25	不适用
	送气头罩	1000	
携气式	半面罩	>1000	10
	全面罩		100

需要注意的是，部分有害气体 IDLH 浓度较低，达到 IDLH 浓度时危害因数会低于一些不适用于 IDLH 环境的防护用品指定防护因数，此时，必须选择 IDLH 环境适用的呼吸防护用品，而不能根据计算得到的危害因数选择相应指定防护因数的呼吸防护用品。以硫化氢为例，我国职业接触限值标准规定，硫化氢最高容许浓度是 $10mg/m^3$，硫化氢达到 IDLH 浓度 $430mg/m^3$时，危害因数为 43，此时，即便配全面罩的硫化氢防毒面具(自吸过滤式呼吸器)指定防护因数为 100，高于危害因数，也不能使用该防毒面具，而必须使用 IDLH 环境适用的呼吸防护用品，如配全面罩的正压式携气式呼吸器。

(四) 根据空气中有害物质种类选择呼吸防护用品

隔绝式、过滤式呼吸防护用品均可用于防护有害气体或蒸气、颗粒物，以及颗粒物、有毒气体或蒸气的混合物。但对于没有警示性或警示性很差的有毒气体或蒸气，应优先选择有失效指示器的呼吸防护用品或隔绝式呼吸器。

过滤式呼吸防护用品的过滤元件只针对特定的防护对象起防护作用，因此，选择过滤式呼吸防护用品时应注意其适用范围。

1. 对有毒气体和蒸气的防护

应根据有害气体和蒸气的种类选择适用的过滤元件(滤毒罐或滤毒盒)，对现行标准中未包括的过滤元件种类，应根据呼吸防护用品生产厂商提供的使用说明选择。

2. 对颗粒物的防护

(1) 应根据颗粒物的分散度选择适合的防尘口罩。

(2) 若颗粒物为一般性粉尘，应选择过滤效率至少满足《呼吸防护 自吸过滤式防颗粒物呼吸器》(GB 2626—2019)规定的 KN90 级别的防颗粒物呼吸器。

(3) 对于挥发性颗粒物的防护，应选择能够同时过滤颗粒物及其挥发气体的呼吸防护用品。

(4) 若颗粒物含石棉，应选择可更换式防颗粒物半面罩或全面罩，过滤效率至少满足 GB 2626—2019 规定的 KN95 级别的防颗粒物呼吸器。

(5) 若颗粒物为矽尘、金属粉尘(如铅尘、镉尘)、砷尘、烟(如焊接烟)，应选择过滤效率至少满足 GB 2626—2019 规定的 KN95 级别的防颗粒物呼吸器。

(6) 若颗粒物为液态或具有油性，应选择有适合过滤元件的呼吸防护用品；若颗粒物为致癌性油性颗粒物(如焦炉烟、沥青烟等)，则应选择过滤效率至少满足 GB 2626—2019 规定的 KP95 级别的防颗粒物呼吸器。

(7) 若颗粒物具有放射性，应选择的呼吸防护用品过滤效率至少满足 GB 2626—2019 规定的 KN100 级别的防颗粒物呼吸器。

3. 同时防护颗粒物、毒气和蒸气

应选择有效过滤元件或过滤元件组合。

(五) 根据作业状况选择呼吸防护用品

呼吸防护用品的选择除了满足空气中有害物质防护的需要，还应考虑作业状况的不同特点：

(1) 若空气污染物同时刺激眼睛或皮肤，或可经皮肤吸收，或对皮肤有腐蚀性，应选择全面罩，同时选择的呼吸防护用品应与其他个人防护用品相兼容。

(2) 若有害环境为爆炸性环境，选择的呼吸防护用品应符合相应的防爆要求。若选择携气式呼吸器，只能选择空气呼吸器，不允许选择氧气呼吸器。

(3) 作业环境存在高温、低温或高湿，或存在有机溶剂或其他腐蚀性物质时，应选择耐高温、耐低温或耐腐蚀的呼吸防护用品，或选择能够调节温度、湿度的供气式呼吸器。

(4) 选择供气式呼吸器时，应注意作业地点与气源间的距离、供气导管对现场其他作业人员的妨碍、供气导管被切断或损坏等问题，并采取相应的预防措施。

(5) 若作业强度较大或作业时间较长，应选择呼吸负荷较低的呼吸防护用品。

(6) 若有清楚视觉的要求，应选择视野较好的呼吸防护用品；若有语言交流的需要，应选择有适宜通话功能的呼吸防护用品。

(7) 若作业中存在可以预见的紧急危险情况，应根据危险的性质选择适用的逃生型呼吸器，或选择适用于 IDLH 环境的呼吸防护用品。

(六) 根据作业人员特点选择呼吸防护用品

1. 头面部特征

在选择面罩时，应根据脸型大小选择不同型号面罩。同时，应考虑用户的面部特征，若有疤痕、凹陷的太阳穴、非常突出的颧骨、皮肤褶皱、鼻畸形等影响面部与面罩之间的密合时，应选择与面部特征无关的面罩。此外，胡须或过长的头发会影响面罩与面部之间的密合性，避免将头发、胡须夹在面罩与面部皮肤之间。

2. 舒适性

应评价作业环境，确定作业人员是否将承受物理因素(如高温)的不良影响，选择能够减轻这种不良影响、佩戴舒适的呼吸防护用品，如选择有降温功能的供气式呼吸防护用品。

3. 视力矫正

视力矫正眼镜不应影响呼吸防护用品与面部的密合性。若呼吸防护用品提供使用矫正镜片的结构部件，应选用适合的视力矫正镜片，并按照使用说明书要求操作使用。

4. 身体状况

对有心肺系统病史、对狭小空间和呼吸负荷存在严重心理应激反应的人员，以及其他可能因佩戴呼吸防护用品造成身体严重不适的情况，应考虑其使用呼吸防护用品的能力。

三、呼吸防护用品的使用

有限空间作业和应急救援应当使用正压隔绝式呼吸防护用品。

呼吸防护用品主要有连续送风式长管呼吸器、高压送风式长管呼吸器、正压式空气呼吸器、自给开路式压缩空气紧急逃生呼吸器和氧气呼吸器。

(一) 连续送风式长管呼吸器使用方法

1. 检查

(1) 面罩应匹配使用者的头面特征，外观完好，密合框无破损，进气阀、呼气阀、头带、视窗等部件完整有效，面罩气密性良好。气密性检查方法：将下颚抵住面罩的下颚罩内，把面罩罩好，用手掌心堵住呼吸阀体进出气口，吸气，面罩向内微微塌陷，面罩边缘紧贴面部，屏住呼吸数秒，维持上述状态无漏气即说明密合良好。存在面罩泄漏情况的应调整头带或更换面罩直至气密良好。

（2）吸气软管、导气管无孔洞或裂缝，气路畅通。

（3）电动送风装置应能正常运转。

2. 连接

（1）将吸气软管一端与面罩前端螺口对齐，旋紧，另一端与空气调节带或减压阀相连。

（2）将导气管一端与空气调节带相连，另一端与供气设备(包括风机、空压机)出气口相连。

（3）连接电源，开启后检查气路是否通畅。

3. 佩戴

（1）背肩带，调整好肩带位置，扣上腰扣，收紧腰带。

（2）开启电动风机或空压机电源。

（3）松开面罩的带子，一手持面罩前端，另一手拉住头带，将头带往后拉罩住头顶部(要确保下颚正确位于下颚罩内)，调整面罩，使其与面部达到最佳的贴合程度，收紧面罩的头带。

（4）调节空气调节阀，调整供气量。

（5）连续深呼吸，应感到呼吸顺畅。

4. 注意事项

（1）长管必须经常检查，确保无泄漏，气密性良好。

（2）使用连续送风式长管呼吸器必须有专人在现场监护，防止长管被压、被踩、被折弯、被破坏。

（3）长管呼吸器的进风口必须放置在有限空间作业环境之外，环境空气洁净、氧含量合格，一般选择放置在有限空间出入口的上风侧。

（4）使用空压机作气源时，为保护员工的安全与健康，空压机的出口应设置空气过滤器，内装活性炭、硅胶、泡沫塑料等，以清除油水和杂质。

（二）高压送风式长管呼吸器使用方法

高压送风式长管呼吸器可用于有限空间作业人员的呼吸防护，也可用于有限空间事故应急救援人员的呼吸防护。

1. 检查

（1）面罩应匹配使用者的头面特征，外观完好，密合框无破损，进气阀、呼气阀、头带、视窗等部件完整有效，面罩气密性良好。气密性检查方法与连续送风式长管呼吸器面罩气密性检查方法相同。

（2）导气管、长管无孔洞或裂缝，气路畅通。

（3）气瓶压力应能满足作业需要，报警装置应能正常报警。

2. 连接

（1）将导气管一端与面罩前端螺口对齐，旋紧，另一端与空气调节带或减压阀相连。

（2）长管一端与空气调节带（减压阀）相连，另一端与高压气瓶相连。

3. 佩戴

（1）背肩带，调整好肩带位置，扣上腰扣，收紧腰带。

（2）打开气瓶阀。

（3）松开面罩的带子，一手持面罩前端，另一手拉住头带，将头带往后拉罩住头顶部（要确保下颚正确位于下颚罩内），调整面罩，使其与面部达到最佳的贴合程度，收紧面罩的头带。

（4）调节空气调节阀、减压阀，调整供气量。

（5）连续深呼吸，应感到呼吸顺畅。

4. 注意事项

（1）长管必须经常检查，确保无泄漏，气密性良好。

（2）使用高压送风式长管呼吸器必须有专人在现场监护，一是防止长管被压、被踩、被折弯、被破坏；二是注意观察气瓶压力，当气瓶压力下降至（5.5±0.5）MPa，警报器启动报警时，应及时通知救援人员撤离有限空间。

（三）正压式空气呼吸器使用方法

正压式空气呼吸器主要用于有限空间作业事故应急救援人员的呼吸防护，在有限空间作业环境中实施短时间作业，供气时间可满足作业要求的，也可选择该呼吸器作为呼吸防护用品，使用时要注意气瓶压力，保证充足的返回时间。

1. 检查

（1）正压式空气呼吸器整体外观良好，包括背托、系带、导气管、阀体、气瓶、面罩、压力表等。

（2）压缩空气瓶经检验合格，并在检验有效期内。

（3）气瓶压力满足作业需要。打开气瓶阀，观察压力，压力表指针指示应位于压力表“绿区”，一般不应低于25MPa。

（4）报警用的声光设施正常运行。关闭气瓶阀，平缓地按动泄压阀，压力表显示数值逐渐下降，当压力降至（5.5±0.5）MPa时，蜂鸣报警器可发出声响，提醒使用者气瓶压力不足。当报警哨出现“高报”（压力值未到报警区时开始报警）或“低不报”（压力值到报警区后仍不报警）情况时，应及时维修或更换。

（5）面罩气密性良好。气密性检查方法：将下颚抵住面罩的下颚罩内，把面罩罩好，用手掌心堵住呼吸阀体进出气口，吸气(在供气阀与面罩连接完好，气瓶阀关闭，气路中的空气放空的情况下，也可直接在罩好面罩后深吸一口气)，面罩向内微微塌陷，面罩边缘紧贴面部，屏住呼吸数秒，维持上述状态无漏气即说明密合良好。存在面罩泄漏情况的应调整头带或更换面罩直至气密良好。

2. 佩戴

(1) 背起正压式空气呼吸器，使双臂穿在肩带中，气瓶倒置于背部。

(2) 调整呼吸器上下位置，扣上腰扣，收紧腰带。

(3) 松开面罩的带子，一手持面罩前端，另一手拉住头带，将头带往后拉罩住头顶部(要确保下颚正确位于下颚罩内)，调整面罩，使其与面部达到最佳的贴合程度。

(4) 两手抓住头带两端往后拉，收紧头带。

(5) 打开气瓶阀。

(6) 将供气阀与面罩对接，安装供气阀。

(7) 连续深呼吸，应感到呼吸顺畅。

3. 注意事项

(1) 使用者应经过专业培训，熟悉掌握正压式空气呼吸器的使用方法及安全注意事项。

(2) 正压式空气呼吸器的气瓶充气应严格按照《气瓶安全技术规程》(TSG 23—2021)的规定执行，气瓶每 3 年应送有资质的单位检验 1 次。使用过程中发现气瓶有严重腐蚀、损伤，或对其安全可靠性有怀疑时，应提前检验。气瓶库存或停用时间超过 1 个检验周期的，启用前应检验。

(3) 正压式空气呼吸器一般供气时间在 40min 左右，使用时应密切关注气瓶余气量，当气瓶压力达到(5.5±0.5)MPa 或当报警器起鸣时，应立即撤离有毒有害危险作业场所。

(4) 充泄阀的开关只能手动，不可使用工具，其阀门转动范围为 1/2 圈。

(5) 平时正压式空气呼吸器应由专人负责保管、保养、检查，未经授权的单位和个人不应拆、修正压式空气呼吸器。

(四) 自给开路式压缩空气紧急逃生呼吸器使用方法

自给开路式压缩空气紧急逃生呼吸器只能用于逃生过程的呼吸防护，不可用于作业过程的呼吸防护。

1. 检查

(1) 自给开路式压缩空气紧急逃生呼吸器整体外观良好，包括背具、导气管、阀体、气瓶、面罩或头罩、压力表等。

(2) 压缩空气瓶经检验合格，并在检验有效期内。

（3）气瓶压力满足逃生需要。

（4）面罩气密性良好。气密性检查方法与正压式空气呼吸器面罩气密性检查方法相同。

2. 使用

若有限空间氧含量达标，作业环境较为安全，作业人员应随身携带紧急逃生呼吸器进入有限空间，作业中一旦有毒有害气体浓度超标，检测报警仪发出警示，迅速打开紧急逃生呼吸器。将面罩或头罩完整地遮掩住口、鼻、面部甚至头部，迅速撤离危险环境。

3. 注意事项

（1）紧急逃生呼吸器必须随身携带，不可随意放置。

（2）不同的紧急逃生呼吸器，其额定防护时间不同，一般在 15min 左右。作业人员可根据作业场所距有限空间出口的距离选择。

（五）氧气呼吸器使用方法

1. 使用

（1）将呼吸器佩戴好后，首先打开氧气瓶，观察压力表所指示的压力值，估计使用时间。

（2）按手动补给按钮供气，排除气囊内原积存的气体。

（3）戴好面具，然后进行几次深呼吸，观察呼吸器各部件是否良好，确认各部件正常后方可进入现场工作。

（4）使用过程中，如感到供气不足，可用深长呼吸法，使自动补给器充氧。若仍感呼吸困难，应采用手动按钮补给氧气。当以上措施均无效时，应立即退出事故现场。

（5）使用中，应经常检查压力表的指示值。一旦氧气压力降至 $245 \sim 296N/cm^2$（$2.45 \sim 2.96MPa$）时，应及时离开事故现场。

2. 注意事项

（1）注意避免与油类等可燃物料接触，并与火源保持足够的安全间距。

（2）防止氧气呼吸器撞击和跌落，以免损坏部件。

（3）险情重大的作业以及进入事故现场从事抢救，必须两人一组，以利彼此关照。

（4）使用后的氧气呼吸器，应及时通知专业人员检查，并进行头罩清洗、消毒、氧气瓶充气和更换清净罐内的氢氧化钙等工作，以备随时使用。

（5）若长期搁置不用，应倒出清净罐内的氢氧化钙。所有橡胶部件均应涂以滑石粉，以防粘连。氧气瓶则应保留一定的剩余压力。

（六）部分呼吸防护用品的比较

有限空间作业常用呼吸防护用品的优缺点、适用范围比较情况见表 4-4。

表 4-4　有限空间作业常用呼吸防护用品的比较

呼吸器名称	优　点	缺　点	适用条件及使用注意事项
连续送风式长管呼吸器	1. 可提供洁净、氧含量合格的空气； 2. 使用时间不受限制； 3. 供气量较大，可供多人使用； 4. 风量可调； 5. 成本适中	1. 要求供气设备置于空气洁净、氧含量合格的位置； 2. 长距离使用时，要求有较大的送风量； 3. 长管会限制使用者的活动范围，且具有意外弯折、断裂导致供气中断的风险	使用时要求供气设备及外露长管有专人监护
高压送风式长管呼吸器	1. 气源清洁，供气量较大，可供多人使用； 2. 风量可调	1. 设备体积大，不易携带； 2. 成本高； 3. 供气时间有限； 4. 长管会限制使用者的活动范围，且具有意外弯折、断裂导致供气中断的风险	1. 可用于有限空间作业环境和有限空间作业事故应急救援； 2. 要注意气瓶压力，保证充足的返回时间； 3. 使用时应有专人监护，防止长管被碾压、破坏；同时关注气瓶压力，当压力下降至(5.5±0.5)MPa，警报器启动报警时，应及时通知救援人员撤离有限空间
正压式空气呼吸器	1. 使用人员随身佩戴，没有供气管的限制； 2. 指定防护因数最高，防护能力最强	1. 成本高； 2. 气瓶供气时间有限	1. 主要用于应急救援； 2. 有限空间作业环境中实施短时间作业，正压式空气呼吸器供气时间可满足作业要求的，也可作为呼吸防护用品供作业人员使用； 3. 使用前应保障气瓶内储气量至少达到25MPa； 4. 一般供气时间在40min左右，使用时要注意气瓶压力，保证充足的返回时间
自给开路式压缩空气紧急逃生呼吸器	1. 指定防护因数最高，防护能力最强； 2. 可反复使用	1. 成本高； 2. 供气时间有限	1. 只能用于逃生过程中的呼吸防护，不能用于作业过程的呼吸防护； 2. 供气时间一般只有15min

四、呼吸防护用品的维护

呼吸防护用品的种类较多，要充分发挥各种呼吸防护用品的作用，除了正确选择、使用外，及时维护可重复性使用的呼吸防护用品、保持其原有的功能作用也非常重要。

（一）呼吸防护用品的检查与保养

（1）应按照呼吸防护用品使用说明书中有关内容和要求，由受过培训的人员实施定期检查和维护，对使用说明书未包括的内容，应向生产者或经销者咨询。

（2）携气式呼吸器使用后应立即更换用完的或部分使用的气瓶或呼吸气体发生器，并更换其他过滤部件。更换气瓶时不允许将空气瓶和氧气瓶互换。

（3）应按国家有关规定，在具有相应压力容器检测资格的机构定期检测空气瓶或氧气瓶。

（4）应使用专用润滑剂润滑高压空气或氧气设备。

（5）不允许使用者自行重新装填过滤式呼吸防护用品滤毒罐或滤毒盒内的过滤材料，也不允许采取任何方法自行延长已经失效的过滤元件的使用寿命。

（二）呼吸防护用品的清洗与消毒

（1）个人专用的呼吸防护用品应定期清洗和消毒，非个人专用的每次使用后都应清洗和消毒。

（2）不允许清洗过滤元件。对可更换过滤元件的过滤式呼吸防护用品，清洗前应将过滤元件取下。

（3）清洗面罩时，应按使用说明书要求拆卸有关部件，使用软毛刷在温水中清洗，或在温水中加入适量中性洗涤剂清洗，清水冲洗干净后在清洁场所避日风干。

（4）若需使用广谱消毒剂消毒，在选用消毒剂时，特别是需要预防特殊病菌传播的情形，应先咨询呼吸防护用品生产者和工业卫生专家。应特别注意消毒剂生产者的使用说明，如稀释比例、温度和消毒时间等。

（三）呼吸防护用品的储存

（1）呼吸防护用品应保存在清洁、干燥、无油污、无阳光直射和无腐蚀性气体的地方。

（2）若呼吸防护用品不经常使用，建议将呼吸防护用品放入密封袋内储存。储存时应避免面罩变形。

（3）防毒过滤元件不应敞口储存。

（4）所有紧急情况和救援使用的呼吸防护用品应保持待用状态，并置于适宜储存、便于管理、取用方便的地方，不得随意变更存放地点。

第三节　防坠落用具

一、防坠落用具分类

有限空间作业常用的防坠落用具主要包含全身式安全带、速差自控器、缓冲器、自锁器、安全绳、连接器以及挂点装置、水平生命线装置等。

（一）全身式安全带

全身式安全带由织带、带扣及其他金属部件等组合而成，与挂点装置配合使用，如图 4-11 所示。主要作用是防止高处作业人员发生坠落，或发生坠落后将作业人员安全悬挂，可在坠落时保持坠落者正常体位，防止坠落者从安全带内滑脱，还能将冲击力平均分散到整个躯干部分，减少对坠落者的伤害。

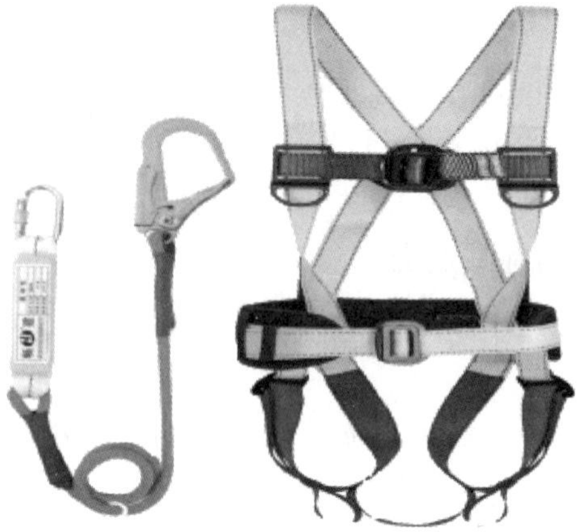

图 4-11　全身式安全带

（二）速差自控器

速差自控器是安装在挂点上，装有可伸缩长度的绳（带），串联在系带和挂点之间，在坠落发生时因速度变化引发制动作用的用具，又称速差器、收放式防坠器等。

按速差器安全绳的材料及形式可分为织带速差器、纤维绳索速差器和钢丝绳速差器三类；按速差器功能可分为带有整体救援装置和不带整体救援装置两类，如图 4-12 所示。

(a)不带整体救援装置　　(b)带有整体救援装置

图 4-12　速差自控器的分类

速差器的标记由产品特征、产品性能两部分组成。

产品特征：以字母Z代表织带速差器，以字母X代表纤维绳索速差器，以字母G代表钢丝绳速差器，以字母J代表带有整体救援装置；以阿拉伯数字代表安全绳最大伸展长度。

产品性能：以字母J代表基本性能，以字母G代表高温性能，以字母D代表低温性能，以字母S代表浸水性能，以字母F代表抗粉尘性能，以字母Y代表抗油污性能。

比如具备基本性能的织带速差器，安全绳最大伸展长度为3m，表示为“Z-J-3”；带有整体救援装置的钢丝绳速差器，同时具备高温、抗粉尘性能和抗油污性能，安全绳最大伸展长度为10m，表示为“GJ-GFY-10”。

与其他坠落防护用品相比，速差器具有以下特点：

(1) 速差器的安全绳在正常使用时，可随人体上下而自由伸缩，可以大大减少被安全绳绊倒的危险。

(2) 速差器利用物体下坠速度差进行自控，安全绳在内部机构作用下处于半紧张状态，使用人员无牵挂感。使用人员失足坠落，安全绳拉出速度明显加快时，速差器内部锁止系统会立即自动锁止，锁止距离小，反应速度快，可减少坠落人员遭受的冲击，同时减小下坠摇摆幅度，降低撞击其他物体导致的事故伤害。

(3) 速差器的安全绳伸缩长度可达到30m甚至更长，使用者可获得更大的活动空间。安全绳在不使用的状态下，可自动缩回壳体内，减少外界环境条件对安全绳的影响，保障速差器的可靠性和使用寿命。

(三) 缓冲器

缓冲器是串联在系带和挂点之间，发生坠落时吸收部分冲击能量、降低冲击力的部件，如图4-13所示。

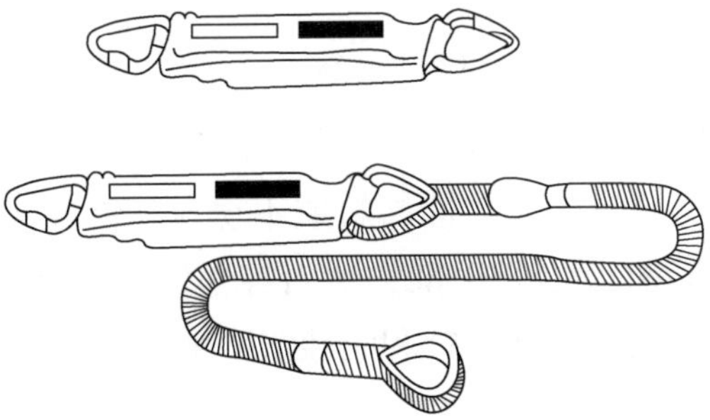

图4-13 缓冲器

缓冲器按自由坠落距离和制动力不同分为Ⅰ型缓冲器(自由坠落距离≤1.8m，制动力≤4kN)和Ⅱ型缓冲器(自由坠落距离≤4m，制动力≤6kN)。

（四）自锁器

自锁器是附着在刚性或柔性导轨上，可随使用者的移动沿导轨滑动，由坠落动作引发制动作用的部件。又称导向式防坠器、抓绳器等。在攀爬时，自锁器可依据使用者的速度随着使用者上下移动，一旦发生坠落可瞬时锁止，防止人员发生坠落伤害。自锁器不一定有缓冲能力，但可重复使用。自锁器一般小巧便携，安装使用也很便利，拆卸时则需要两个以上的动作才可打开，以确保安全。

（五）安全绳

安全绳是在安全带中连接系带与挂点的绳（带、钢丝绳等）。一般与缓冲器配合使用，起扩大或限制佩戴者活动范围、吸收冲击能量的作用。安全绳按作业类别分为围杆作业用安全绳、区域限制用安全绳和坠落悬挂用安全绳。安全绳按材料类别分为织带式安全绳、纤维绳式安全绳、钢丝绳式安全绳和链式安全绳。

（六）连接器

连接器是指可以将两种或两种以上组件连接在一起，具有常闭活门的环状零件。连接器一般用于将系带和绳或绳和挂点连接在一起。

连接器按照功能可分为自动关闭连接器、基本连接器、多用连接器、绳端连接器、挂点连接器、螺纹连接器、旋转连接器、缆用连接器。

图 4-14　三脚架

（七）挂点装置

挂点装置是由一个或多个挂点和部件组成的，用于连接坠落防护装备与附着物（墙、脚手架、地面等固定设施）的装置。有限空间作业常用建筑预埋挂点，或使用三脚架作为临时挂点装置，与绞盘、速差自控器、安全绳、安全带等配合使用，防止高处坠落事故的发生，如图 4-14 所示。

（八）水平生命线装置

水平生命线装置是以两个或多个挂点固定且任意两挂点间连线的水平角度不大于15°的，由钢丝绳、纤维绳、织带等柔性导轨或不锈钢、铝合金等刚性导轨构成的用于连接坠落防护装备与附着物（墙、脚手架、地面等固定设施）的装置。按所用导轨的不同，分为柔性水平生命线装置（图 4-15）和刚性水平生命线装置（图 4-16）。

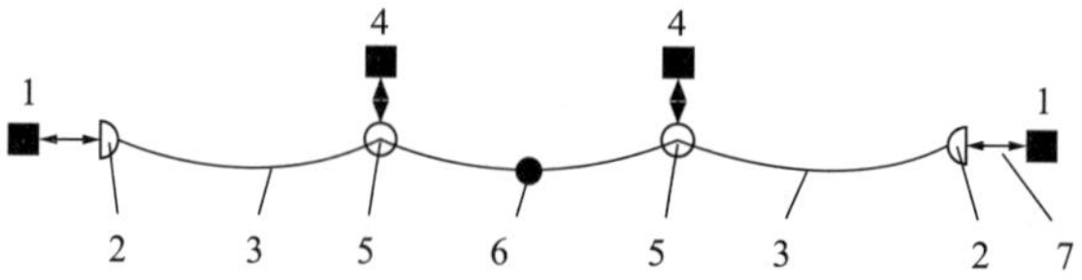

图 4-15　柔性水平生命线装置

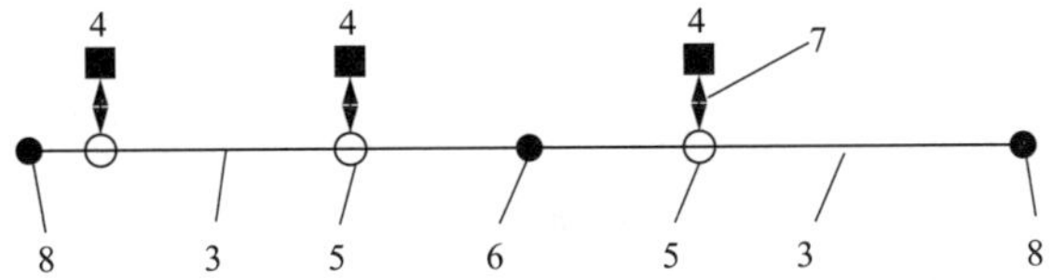

图 4-16 刚性水平生命线装置

图 4-15、图 4-16 中标号含义如下：

1 为末端挂点，是建筑物或构筑物上的连接固定装置；

2 为末端挂点连接件，用于将导轨与末端挂点连接的部件；

3 为导轨；

4 为中部挂点，是除末端挂点外其他用于固定导轨的挂点装置；

5 为中部挂点连接件，用于将导轨与中部挂点连接的部件；

6 为移动连接装置，可以沿导轨滑动的，连接坠落防护装备的装置；

7 为水平生命线缓冲装置；

8 为导轨末端。

二、防坠落用具的选择

（1）有限空间作业应选用全身式安全带。

（2）选购的防坠落用具应具有质量保证书或有资质的检验机构出具的检验合格报告。安全带属特种劳动防护用品，应具有 LA 标识和 QS 标识。

（3）应根据作业环境的特性选择，如在具有腐蚀性气体的环境中应使用具有抗腐蚀性能的防坠落用品和用具，具有可燃性气体的环境中应使用具有阻燃特性的防坠落用品和用具。

（4）应根据使用人的体型、使用人下方的安全空间大小，选择尺寸、规格合适的安全带和安全绳，保证发生坠落时，使用人不会碰撞到任何物体。

（5）安全绳（含未打开的缓冲器）不应超过 2m，不应擅自将安全绳接长使用，如果需要使用 2m 以上的安全绳应采用自锁器或速差自控器。

（6）应根据同时使用挂点装置的人员数量，选择强度合适的挂点装置。

三、防坠落用具的使用

（一）防坠落用具的检查

使用前，应检查安全带、安全绳、速差器、挂点装置等防坠落用品和用具的外观和功能：

（1）挂点装置部件齐全，金属配件应无碎裂、腐蚀等影响挂点装置强度的缺陷。

（2）安全带与身体接触的一面不应有突出物，结构应平滑，织带及配件不应有撕裂、开线、霉变，金属配件不应有裂纹、腐蚀等存在影响安全带技术性能的缺陷。

（3）安全绳不应有散丝、断股、霉变或锈蚀，零部件应顺滑无尖角或锋利边缘，安全绳护套应保持完好，若发现护套损坏或脱落，必须加上新套后再使用。

（4）速差自控器安全绳应可以独立、自动回收，安全绳出口处不应有尖角或锋利边缘，速差自控器的锁止功能正常。

（二）安全带的使用和维护

1. 安全带的穿戴

全身式安全带的正确穿戴对于坠落防护的效果十分重要。正确穿戴步骤如图 4-17 所示。

(a)检查安全带　(b)解开带扣　(c)穿戴安全带

(d)连接胸部织带　(e)连接腿部织带　(f)调整安全带

图 4-17　全身式安全带正确穿戴步骤

（1）检查安全带。抓住安全带的背部 D 形环、抖动安全带，使所有的编织带回到原位，带扣等部件齐全、完好。

（2）解开带扣。如果胸带、腿带或腰带被扣住，则需松开编织带并解开带扣。

（3）穿戴安全带。将肩带套到肩膀上，使 D 形环处于后背两肩中间位置。

(4) 连接胸部织带。扣好胸带并将其固定在胸部中间位置，拉紧肩带，将多余肩带穿过带夹防止松脱。

(5) 连接腿部织带。从两腿之间拉出腿带，扣好带扣，按同样的方法扣好第二根腿带。若有腰带，则先扣好腿带再扣腰带。

(6) 调整安全带。扣好后，收紧所有带子，使安全带尽量贴紧身体，但又不影响活动，将多余的带子穿到带夹中防止松脱。

2. 安全带使用注意事项

(1) 安全带应高挂低用，拴挂于安全的挂点装置上。

(2) 使用安全带时，安全绳与系带不能打结使用，使用连接器时，受力点不应在连接器的活门位置。

(3) 不应随意拆除安全带各部件，不应私自更换零部件。

(4) 安全带应在制造商规定的期限内使用，一般不超过5年，如发生坠落事故，或有影响性能的损伤，则应立即更换；使用环境特别恶劣或者使用格外频繁的，应适当缩短安全带的使用期限。

(5) 防坠落用的连接器、安全绳不应用于悬吊作业、救援、非自主升降。悬吊作业、救援、非自主升降系统不应和连接器或安全绳共用全身系带的D形环(半圆环)。

3. 安全带日常维护

安全带应加强日常维护，以保持其防坠性能。日常维护应注意：

(1) 如果安全带沾有污渍，应使用清水冲洗和中性洗涤剂清洗，挂在阴凉通风处晾干。

(2) 安全带不使用时，应由专人保管。存放时，不应接触高温、明火、强酸、强碱或尖锐物体，不应存放在潮湿的地方。

(3) 储存时，应对安全带定期进行外观检查，发现异常应停止使用，检查频次应根据安全带的使用频率确定。

(三) 挂点装置的使用

挂点装置应当具有一定强度。对于支持单个作业人员的坠落制动挂点，至少应能够承受22kN的坠落制动力，用于连接速差自控器的，挂点的强度应不小于13kN；或者至少应该能够承受坠落制动产生的力的2倍。一般自来水管、电缆槽架、栏杆、窗框、空调支架等达不到强度要求，不宜作为坠落防护装置的挂点。如不能确认挂点的强度，应请合格的工程技术人员或安全工程师进行核实和测定。

1. 挂点的选择

挂点的高度应能避免作业人员坠落后不触及其他障碍物，以免造成二次伤害。挂点应尽可能设置在作业点的正上方，如果受到场地限制，不能设置在正上方的，最大摆动幅度不应大于 45°，而且应确保在摆动情况下不会碰到侧面的障碍物，以免造成伤害，如图 4-18 所示。

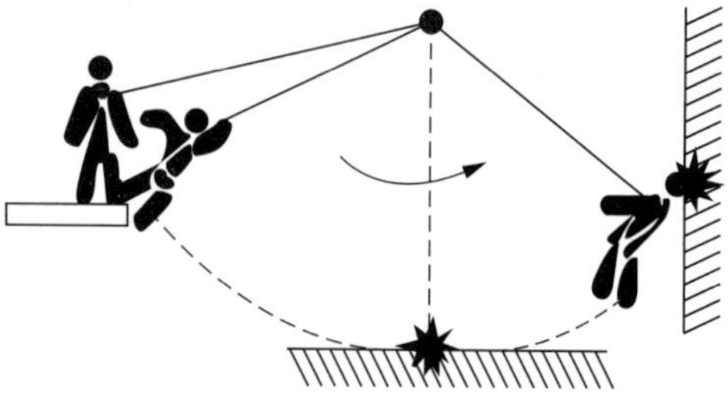

图 4-18 挂点位置

2. 挂点装置安装注意事项

（1）三支柱分开角度应适当，底脚防滑平面着地，定位链应穿过三支柱底脚的穿孔，相互钩挂、拉紧，必要时，可用钢钎穿过底脚插孔，插入地下，防止支柱向外滑移，保持支架整体平稳。

（2）三脚架调整支柱高度时，应确保内外柱固定插销插紧，并用卡簧插入插销卡簧孔止退；还应注意三支柱高度应保持一致，防止三脚架倾倒。

（3）防坠制动器应从支柱内侧卡在三脚架任一个内柱上（面对制动器的支柱，制动器摇把在支柱右侧），插紧固定插销，并用卡簧插入插销卡簧孔止退。三脚架安装完毕后，应随时检查三脚架的稳固性。

3. 挂点装置使用注意事项

（1）绞绳有负载的情况下停止升降时，制动器操作者必须握住摇把手柄，不得松手。

（2）不应无负载放长绞绳，确需放长绞绳的，应由一人逆时针摇动手柄，一人抽拉绞绳，保持绞绳紧绷；不放长绞绳时，不应随意逆时针转动手柄。

（3）使用中绞绳应保持绷紧。放出的绞绳较长时，应适当加载回绞，并尽量使绞绳在卷筒上有序排列，禁止将绞绳折成死结，否则将损毁绞绳，再次使用时可能引发坠落事故。

（四）水平生命线装置使用注意事项

（1）作业人员在开始工作前必须正确佩戴个人防坠落装备（如全身式安全带），并将安全带通过专用连接器牢固地连接在水平生命线上。

（2）应考虑作业人员所处的位置和安全带的选择，保证使用者在坠落发生过程中不与地面最高障碍物碰撞的，人员坠落最低点与地面最高障碍物间的最小垂直距离是 1m。

（3）在整个作业过程中，安全带必须始终保持连接状态，即使在移动中也不能解开。不得超载使用，每个生命线系统都有规定的最大负载人数和负荷能力。在恶劣天气条件下（如强风、雷雨等），应停止有限空间涉及的高空作业。

（4）水平生命线系统设计时应考虑作业人员可以在必要范围内自由移动，而不会造成意外脱开或受阻。在转弯、跨越障碍或需要特殊移动路径时，应配备相应的转角组件和移动锚点。确保水平生命线系统按照产品说明和相关标准（如 EN 795—2012《防止从高处跌落 抛锚设备》、GB 38454—2019《坠落防护 水平生命线装置》等）进行安装。

（5）锚固装置必须稳固可靠，满足设计承载力要求，例如两端锚点装置和中间支撑件需经过严格计算和检验，保证足够的强度和稳定性。安装过程中应充分考虑现场条件，如混凝土墙、空心墙等不同材质和结构，选择合适的安装方法和锚固组件。

第四节 个体防护用品

个体防护用品是根据有限空间环境特点，为保护作业人员头部、四肢、皮肤、眼部等身体部位穿戴的防护用品。

单位应根据结合个体防护用品的防护部位、防护功能、适用范围和对作业环境及使用者的实用性，按照《个体防护装备配备规范 第 1 部分：总则》（GB 39800.1—2020）为作业人员配备安全帽、防护服、防护手套、防护眼镜、安全鞋、耳塞、耳罩等，如图 4-19 所示。

(a)安全帽 (b)防护服 (c)防护手套

(d)防护眼镜 (e)安全鞋 (f)耳塞、耳罩

图 4-19 个体防护用品

一、安全帽

安全帽是防冲击时主要使用的防护用品，主要用来避免或减轻在作业场所发生的高

空坠落物、飞溅物体等意外撞击对作业人员头部造成的伤害。有限空间作业场所由于结构受限，作业人员在作业过程中可能发生坠落、头部碰撞和物体打击等危险，作业人员在作业过程中应佩戴安全帽对头部进行防护。

（一）安全帽的选择

国外生物实验证明，人体颈椎骨和成人头盖骨在承受小于4900N的冲击力时，一般不会危及生命，超过此限值，颈椎就会受到伤害，轻者引起瘫痪，重者危及生命。安全帽要起到安全防护的作用，必须要能够吸收冲击过程的大部分能量，确保最终作用在人体上的冲击力小于4900N。因此安全帽的选择至关重要。

（1）应使用质检部门检验合格的产品。

（2）根据作业环境选择适宜功能的安全帽。如在易燃易爆环境中作业应选择有抗静电性能的安全帽；作业环境中可能存在短暂接触火焰，短时局部接触高温物体时，应选用具有阻燃性能的安全帽；作业环境中可能接触400V以下三相交流电时应选用具有电绝缘性能的安全帽。

（3）有限空间内光线不足时应选用颜色明亮的安全帽，能见度低时应选用与环境色差较大的安全帽，或在安全帽上增加反光条，以便于被发现。

（二）安全帽的使用及维护

安全帽应按照产品说明进行使用和维护。

（1）安全帽应在产品声明的有效期内使用。

（2）佩戴前，应检查安全帽，确保安全帽外观无缺陷，各配件完好无异常、装配牢固，帽衬调节部分插口牢靠、绳带系紧，并将帽衬与帽壳之间的距离调整到25~50mm之间。

（3）应根据使用者头的大小，将安全帽的帽箍长度调节到适宜位置（松紧适度），系紧下颏带，应戴正、戴牢，防止使用中意外脱落。

（4）安全帽不应随意碰撞挤压或用作除佩戴以外的其他用途，如坐压、砸坚硬物体等。

（5）不应在安全帽上随意拆卸、添加附件，或打孔、涂敷油漆、涂料、汽油、溶剂等。

（6）安全帽在使用时受到较大冲击后，无论是否发现帽壳有明显的断裂纹或变形，都应停止使用。

（7）安全帽不应储存在有酸碱、有机溶剂、高温（50℃以上）、低温、日晒、潮湿等处，避免重物挤压或尖物碰刺。

（8）帽壳与帽衬可用冷水、温水（低于50℃）洗涤，不可放在暖气片、火炉上烘烤，以防帽壳变形。

二、防护服

防护服分为防电弧服、防静电服、职业用防雨服、高可视性警示服、隔热服、焊接服、化学防护服、抗油易去污防静电防护服、冷环境防护服、熔融金属飞溅防护服、微波辐射防护服、阻燃服。

（一）防护服的选择

（1）必须选用符合国家标准，并具有产品合格证的防护服。

（2）根据有限空间作业过程中可能接触的危险有害因素进行选择。例如存在易燃易爆风险时，应穿着防静电防护服、阻燃防护服、化学防护服，存在高温热接触或热辐射的应穿着隔热服等。

（二）防护服使用注意事项

以下以常用的化学防护服及防静电服为例介绍使用注意事项。

1. 化学防护服

（1）使用前应检查化学防护服的完整性及与之配套装备的匹配性，在确认完好后方可使用。

（2）进入化学污染环境前，应先穿好化学防护服；不应在污染环境中脱卸化学防护服及装备。

（3）化学防护服被化学物质持续污染时，应在规定的防护性能(标准透过时间)内更换。有限次数使用的化学防护服已被污染时应弃用。

（4）脱除化学防护服时，宜使内面翻外，减少污染物的扩散，且宜最后脱除呼吸防护用品。

（5）由于许多抗油拒水防护服及化学防护服的面料采用的是后整理技术，即在表面加入了整理剂，一般须经高温才能发挥作用，因此在穿用这类服装时要根据制造商提供的说明书经高温处理后再穿用。

（6）穿用化学防护服时应避免接触锐器，防止受到机械损伤。

（7）严格按照产品使用与维护说明书的要求进行维护，修理后的化学防护服应满足相关标准的技术性能要求。

（8）受污染的化学防护服应及时洗消，以免影响化学防护服的防护性能。

（9）化学防护服应储存在避光、温度适宜、通风合适的环境中，应与化学物质隔离储存。

（10）已使用过的化学防护服应与未使用的化学防护服分开储存。

2. 防静电服

（1）由于摩擦会产生静电，因此在火灾爆炸危险场所禁止穿、脱防静电服。

（2）为了防止尖端放电，在火灾爆炸危险场所禁止在防静电服上附加或佩带任何金属物件。

（3）对于导电型的防护服，为了保持良好的电气连接性，外层服装应完全遮盖住内层服装。分体式上衣应足以盖住裤腰，弯腰时不应露出裤腰，同时应保证服装与接地体的良好连接。

（4）在火灾爆炸危险场所穿用防静电服时，必须与防静电鞋正确配套使用，形成完整的防静电体系。

（5）防静电服应保持清洁，保持防静电性能，使用后用软毛刷、软布蘸中性洗涤剂刷洗，不可损伤服装材料纤维。

（6）穿用一段时间后，应对防静电服进行检验，若防静电性能不能符合标准要求，则不能再以防静电服使用。

三、防护手套

手是人体的完成工作关键部位之一，在作业过程中接触到机械设备、腐蚀性和毒害性的化学物质，可能会对手部造成伤害。

（一）防护手套的选择

防护手套的种类有绝缘手套、防寒手套、防化学品手套、防静电手套、防热伤害手套、电离辐射及防放射性污染物手套等。根据有限空间作业过程中可能接触的危险有害因素，常用的是防化学品手套、绝缘手套及防静电手套。

（二）防护手套使用注意事项

（1）应根据作业环境中存在的危害因素，以及作业过程中可能对手部造成的伤害选择具备相应功能的、尺寸适当、佩戴舒适的防护手套。应注意，操作转动机械作业时禁止使用编织类防护手套。

（2）使用前应检查防护手套的有效使用期，超过产品说明书规定的有效使用期限或存储期限的不应使用。此外还应检查防护手套外观，确保不存在渗透、裂痕、严重磨损、变形、烧焦、融化或发泡、僵硬、发黏或发脆等影响手套防护性能的明显缺陷。对于绝缘手套应检查电绝缘性，不符合规定的不能使用。

（3）佩戴手套时应将衣袖口套入手套内，防止发生意外。摘取手套要注意方法，防止将手套上沾染的有害物质接触到皮肤和衣服上，造成二次污染。

（4）橡胶、塑料等防护手套用后应冲洗干净、晾干，保存时避免高温，并在手套上撒上滑石粉以防粘连。

（5）绝缘手套要用低浓度的中性洗涤剂清洗。

（6）防护手套应存放在清洁、干燥通风、无油污、无热源或阳光直射、无腐蚀性气体的地方。

四、防护眼镜

防护眼镜是防止化学飞溅物、有毒气体和烟雾、金属飞屑、电磁辐射、激光等对眼睛伤害的防护用品。主要有焊接眼护罩、激光防护镜、强光源防护镜、职业眼面部防护具。

(一) 防护眼镜的选择

有限空间内实施电焊、电弧焊、气焊及气割作业的场所应选择焊接眼护罩；有限空间内存在意外激光辐射(激光辐射波长为180nm~1000μm)危害的场所应佩戴激光防护镜；有限空间内存在辐射波长介于250~3000nm之间的强光(非激光)危害的场所，应佩戴强光源防护镜；有限空间内进行冲刷、清洗和修补、切割等作业时，存在酸碱液体、腐蚀性烟雾、沙粒或金属碎屑等异物进入眼中或冲击到面部皮肤危害的场所，应佩戴职业眼面部防护具。

(二) 防护眼镜使用注意事项

(1) 宽窄和大小要适合使用者的脸型。

(2) 镜片磨损、镜架损坏，应及时调换。

(3) 专人使用，防止传染眼病。

(4) 焊接防护面罩的滤光片和保护片要按规定作业需要选用和更换。

(5) 防止重摔重压，防止坚硬的物体摩擦镜片和面罩。

五、安全鞋

为防止作业人员足部受到物体的砸伤、刺割、灼烫、冻伤、化学性酸碱灼伤及触电等伤害，作业人员应穿着有针对性的安全鞋。

(一) 安全鞋的选择

安全鞋具备足趾保护(冲击能量)、抗刺穿性、导电、防静电、电绝缘性、隔热性、耐恶劣环境等性能。可根据作业环境安全要求，选择合适的安全鞋，如在有易燃易爆气体的环境中作业需穿着防静电安全鞋；存在酸、碱腐蚀性物质的环境中作业，应按照《足部防护 防化学品鞋》(GB 20265—2019)要求，穿着防化学品鞋。

(二) 安全鞋使用注意事项

(1) 不得擅自修改安全鞋的构造。

(2) 穿着合适尺码的安全鞋。

(3) 注意个人卫生，保持脚部及鞋履清洁干爽。

(4) 定期清理安全鞋。

(5) 储存安全鞋于阴凉、干爽和通风良好的地方。

六、耳塞、耳罩

耳塞、耳罩是用于防止有限空间作业场所的噪声导致听力损失的防护用品。

（一）耳塞、耳罩的选择

耳塞体积小、方便携带和存放，价格便宜，不会妨碍其他安全防护设备的使用，但易丢失，佩戴方法较耳罩复杂，耳部患有感染性疾患时不宜佩戴，吃饭或说话，耳塞可能会发生移动。耳塞型号主要有泡沫塑料型和硅橡胶型，泡沫塑料型耳塞是一次性的，可揉捏变形。硅橡胶型耳塞可反复使用，已预成型。耳罩佩戴方法简单，舒适度高，佩戴位置稳定，但体积大、较重，夏季佩戴较热，可能妨碍其他安全防护设备的佩戴，价格较贵。

（二）耳塞、耳罩使用注意事项

因硅橡胶型耳塞及耳罩佩戴方法简单，以泡沫塑料型耳塞为例，具体使用步骤如下：

（1）清洁双手用手指将耳塞捏成球形。

（2）将耳塞塞入耳郭并轻轻压平使其贴合耳道口。

（3）反复调整至耳塞紧密贴合耳郭，则佩戴成功。

第五节　安全器具

一、通风设备

有限空间作业情况比较复杂，一般要求在有毒有害气体浓度检测合格的情况下才能进行作业。但由于有限空间内存在的物质在搅拌、翻动中可能会突然释放大量有毒有害气体，如污水井中翻动污泥时可能会释放大量硫化氢气体；实施作业的过程中也有可能产生有毒有害物质，或者消耗氧气，改变原作业环境的气体危害程度，如涂刷油漆、电焊等自身会散发出有毒有害物质。因此，在有限空间作业中，应配备通风机对作业场所进行通风换气，稀释、置换有限空间内的有害气体，补充氧气，确保作业场所的空气始终处于安全状态。

图 4-20　防爆型通风机

选择风机的时候应考虑实际作业环境，存在易燃易爆风险的，应选用防爆型通风机（图 4-20）。此外，必须确保选用的风机能够提供作业场所所需的气流量。这个气流必须能够克服整个系统的阻力，包括通过抽风罩、支管、弯管机连接处的压损。过长的风管、风管内部表面粗糙、弯管等都会增大气体流动的阻力，对风机风量的要求就会更高。

使用前，需要检查外观及运行状况，确保风管无破损，风机叶片完好，电线无裸露，插头无松动，风机能够正常运转。使用过程中，风机应该放置在洁净的气体环境中，尽量远离有限空间的出入口，以防止捕集到有害气体，通过风管进入有限空间，加重有限空间内的污染。

二、小型移动发电设备

在有限空间作业过程中，经常需要进行临时性的通风、排水、供电、照明等。当作业现场没有固定电源时，需要使用小型移动发电设备保障供电，如图 4-21 所示。

图 4-21　小型移动发电设备

(一) 使用前的检查

(1) 油箱中的油料应能满足作业需求。

(2) 油路开关和输油管路不应有漏油渗油现象。

(3) 各部分接线应无金属裸露，插头无松动，接地线良好。

(二) 使用中的注意事项

(1) 使用前，必须将底架停放在平稳的基础上，运转时不准移动，且不得使用帆布等物遮盖。

(2) 发电机外壳应有可靠接地，并应加装漏电保护器，防止工作人员发生触电。

(3) 启动前需断开输出开关，将发电机空载启动，运转平稳后再接电源带负载。

(4) 运行中应密切注意发电机的工作情况，观察各种仪表指示是否在正常范围内，检查运转部分是否正常，发电机温升是否过高。

(5) 应在通风良好的场所使用，禁止在有限空间内使用。

三、照明设备

地下有限空间作业环境常常是在管道、井、坑、密闭小室等光线黑暗的场所，因此应携带照明灯具才能进入作业。这些场所通常比较潮湿，部分还可能存在易燃易爆物质，所以照明灯具的安全性十分重要。

地下有限空间作业使用的照明灯具应符合以下要求：

(1) 应用 24V 以下的安全电压；在积水、结露、潮湿环境内作业应用 12V 以下的安全电压。

(2) 存在易燃易爆物质的，应使用符合相应防爆要求的防爆手电筒、防爆照明灯等

图 4-22　便携式防爆工作灯

照明器具，如图 4-22 所示。

（3）潮湿或特别潮湿（相对湿度>75%）的场所，必须选用密闭型防水照明工具或配有防水头灯的开启式照明工具。

（4）含有大量尘埃的场所，必须选用防尘型照明工具，以防尘埃影响照明工具安全发光。

（5）存在较强振动的场所，必须选用防振型照明工具。

（6）有酸碱等强腐蚀介质场所，必须选用耐酸碱型照明工具。

四、通信设备

在有限空间作业时，监护人员与作业人员可能因距离或转角而无法直接面对，监护人员无法了解和掌握作业人员情况，因此必须配备必要的通信器材，与作业人员保持定时联系。作业场所可能存在易燃易爆气体，所配置的通信器材也应该选用防爆型的，如防爆电话、防爆对讲机等，如图 4-23 所示。

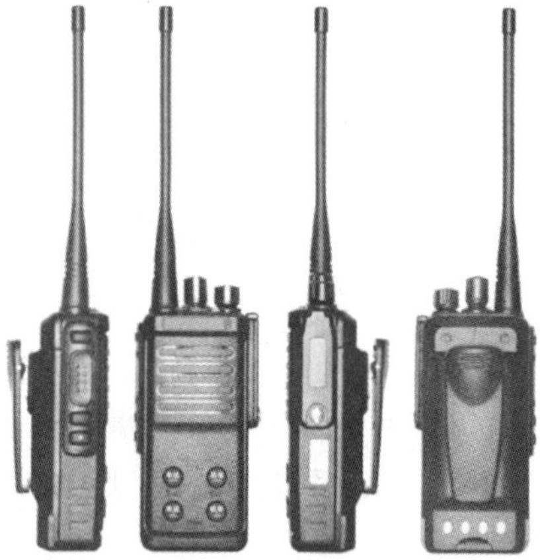

图 4-23　防爆对讲机

五、围挡设备和警示设施

有限空间作业过程中常用的围挡设备如图 4-24 所示。

图 4-24　围挡设备

常用的安全警示标志或安全告知牌如图 4-25 所示。

图 4-25 安全警示标志或安全告知牌

六、安全梯

安全梯是用于作业人员上下地下井、坑、管道、容器等的通行器具，也是事故状态下逃生的通行器具。根据作业场所的具体情况，应配备相适应的安全梯。有限空间作业一般用直梯、折梯或软梯作业通行器具。安全梯从制作材质上分为竹制的、木制的、金属制的和绳木混合制的；从梯子的形式上分为移动直梯、移动折梯、移动软梯，如图 4-26、图 4-27、图 4-28 所示。

图 4-26 移动直梯

图 4-27 移动折梯

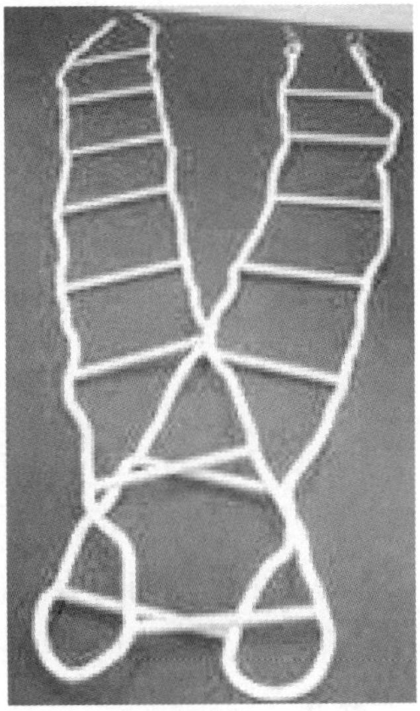

图 4-28 移动软梯

使用安全梯时应注意：

（1）使用前必须对梯子进行安全检查。首先检查竹、木、绳、金属类梯子的材质是否发霉、虫蛀、腐烂、腐蚀等情况；其次检查梯子是否有损坏、缺挡、磨损等情况，对不符合安全要求的梯子应停止使用；有缺陷的应修复后使用。对于折梯，还应检查连接件，铰链和撑杆(固定梯子工作角度的装置)是否完好，如不完好应修复后使用。

（2）使用时，梯子应加以固定，避免接触油、蜡等易打滑的材料，防止滑倒；也可设专人扶挡。

（3）在梯子上作业时，应设专人安全监护。梯子上有人作业时不准移动梯子。

（4）除非专门设计为多人使用，否则梯子上只允许1人在上面作业。

（5）折梯的上部第二踏板为最高安全站立高度，应涂红色标志。梯子上第一踏板不得站立或超越。

第六节　专业救援装备

一、多功能救援担架

多功能救援担架采用特殊塑料复合而成，具有体积小、质量小、便于携带、应用范围广、可单人操作的特点，适用于有限空间救护，如图4-29所示。

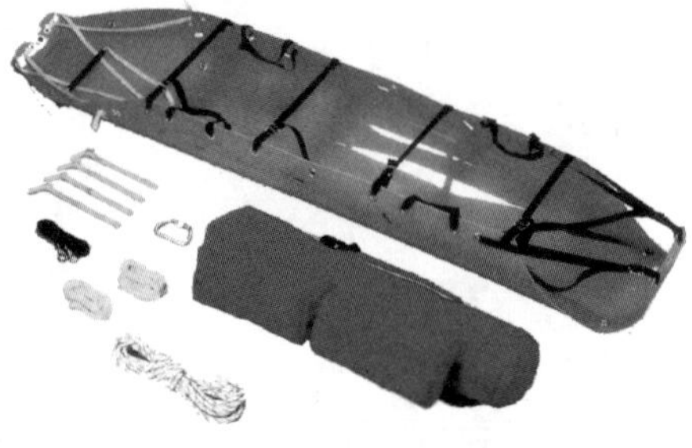

图4-29　多功能救援担架

（一）使用方法

1. 准备

（1）从保护包中取出担架放在地上备用。

（2）松开担架包扎袋将担架完全展开。

（3）将担架两端向后弯曲(必要时可以完全反向卷一次)尽量使担架平直。

（4）理顺担架两边的带子备用。

2. 救护

可用两种方式将伤员放入担架中。

(1) 侧滚式

① 将担架紧贴伤员身体位置放好，担架的顶端与伤员头部平齐。

② 把伤员掀至侧躺位置后顺势将担架插入伤员身下，放平伤员。

③ 将伤员轻推至担架中央，并确保伤员身体平直。

④ 将担架两侧对应的接扣扣好，并调至适当位置后，抬起担架转移到指定位置。

(2) 直拉式

① 将担架尾部放置于伤员头部(即伤员与担架在同一直线上)。

② 救助者跨骑在担架两侧，用双手撑起伤员。

③ 其他救助者拉住担架尾部固定带，配合将伤员拉上担架。

④ 将伤员拉至担架中央时，便可将担架两侧对应接扣扣好，并调至适当位置后，抬起担架转移到指定位置。

(二) 注意事项

(1) 避免长期暴晒在阳光下或使用利器刮割担架，损坏塑料材料。

(2) 使用中，严禁用吊环直接悬吊(未使用垂直吊绳)担架。

(3) 在化学事故现场用完后，担架必须严格按照化学洗消程序进行处理后保存。在有放射性物质场所用完后，使用过的绑缚带、专用的平行吊带和垂直吊带必须更换。

(4) 使用后，担架两侧的绑缚带、专用的平行吊带和垂直吊带通常用中性洗涤剂肥皂水清洗干净，晾干后卷好放入保护包。

二、肢(躯)体固定气囊

肢(躯)体固定气囊是一种用于保护有限空间作业骨折伤员的救生器材。使用时较为牢固、轻便，可快速把伤员的骨折或脱臼的部位固定住，保护伤员身体免受二次伤害。由躯体固定气囊、肢体固定气囊、手动负压装置、颈托等组成，可按伤员的各种形态而变化，用X光、CT、MRI(磁共振成像)检查时可穿透，如图4-30所示。

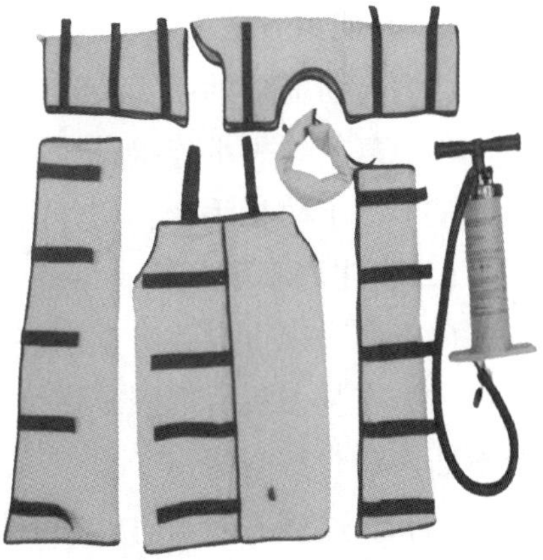

图4-30 肢(躯)体固定气囊

(一) 使用方法

(1) 将保护套铺在平地上，将脊椎受伤者受伤部位身体抬起置于保护套上。

(2) 手、腿、颈部受伤者只需稍微抬起后，塞入气囊即可。

(3) 系上紧固带，搭上搭链。

(4) 利用手动负压装置将保护气囊内的气体进行抽出，使气囊内部的微小颗粒紧密结合成为坚硬的固定面，并再次调节紧固带。

（二）维护保养

（1）操作时尽量避免尖锐物和杂物，防止损坏保护套。

（2）使用后应及时清洗，置于阴凉通风处，避免阳光暴晒。

三、气动切割刀

气动切割刀是一种破拆工具，由刀头、气锤、减压阀、工具箱组成，能够快速切割有限空间外防护栏、阻挡物等物体，提高工作效率，如图 4-31 所示。

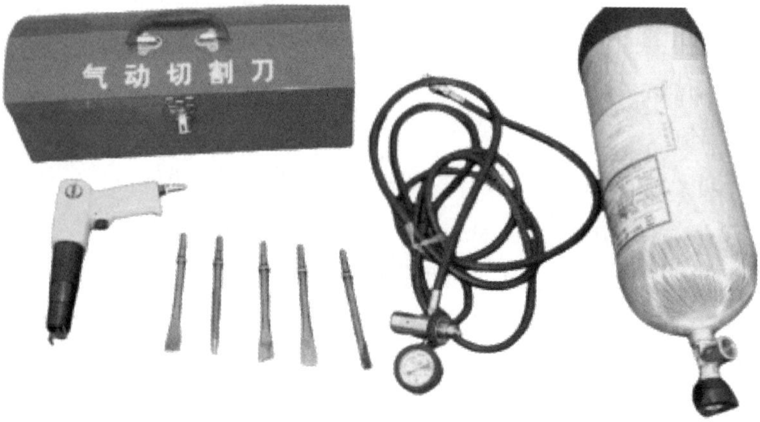

图 4-31　气动切割刀

（一）使用方法

（1）将所需用的刀头装到气动枪头上，并用弹簧卡固定。

（2）气管线一端连接减压阀与气瓶，另一端连接气动枪，打开气阀。

（3）戴上防护手套，切开阻碍物。

（二）注意事项

（1）高噪声可导致听觉伤害，使用者应戴上耳罩。

（2）安装刀头后把固定弹簧转到最紧位置，更换刀头时只要松两圈就可以更换，严禁不插入铲头打空枪。

（3）快速接头断开时，先下压，再拉下外壳断开。

（4）操作中保持身体在平衡的位置及安全的立足点。

（三）维护保养

（1）工作气压应保持在 0.49~0.63MPa 内，气压过高，易损坏机件；气压太低，冲击频率低，降低工作效率。

（2）压缩空气应确保清洁干燥，并含有适量润滑油。

（3）每次使用前应从进气嘴处注入少量润滑油。

(4) 连续使用的气铲在使用半年后，要进行清洗，清除小孔中的污物。

四、电动破拆工具套组

电动破拆工具套组是一种电动破拆工具，由电池、液压泵、驱动顶升器、分离器、速断器组成，适合有限空间救援，如图 4-32 所示。

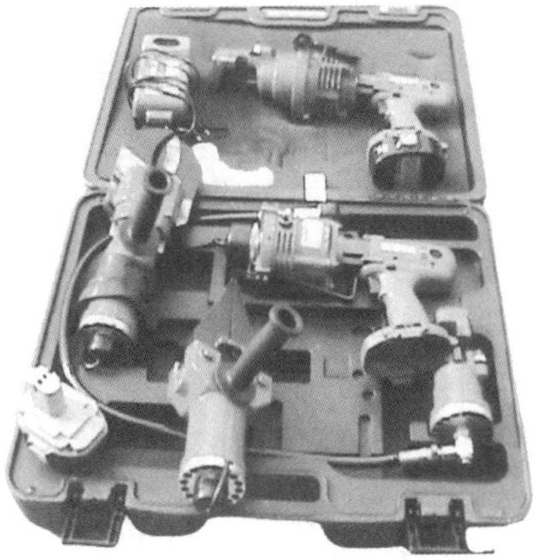

图 4-32　电动破拆工具套组

(一) 使用方法

(1) 根据不同救援环境选择不同的切割刀头。

(2) 戴上防护手套、护目镜操作。

(3) 把切割刀头通过延长管连到泵机上。

(二) 注意事项

(1) 除指定的电池和充电器，用其他电池和充电器组合可能会爆炸，造成损伤。

(2) 严禁直接连接电池两极造成短路，严禁把电池放在装满螺钉等金属物件的包内。

(3) 严禁将电池和充电器放在潮湿的环境，不能和水接触。

(4) 在下列情况下，关闭充电器，从破拆工具中取出电池：

① 充电器或电动破拆工具长期不使用或需要维修时。

② 刀头等配件替换时。

五、自动体外除颤器

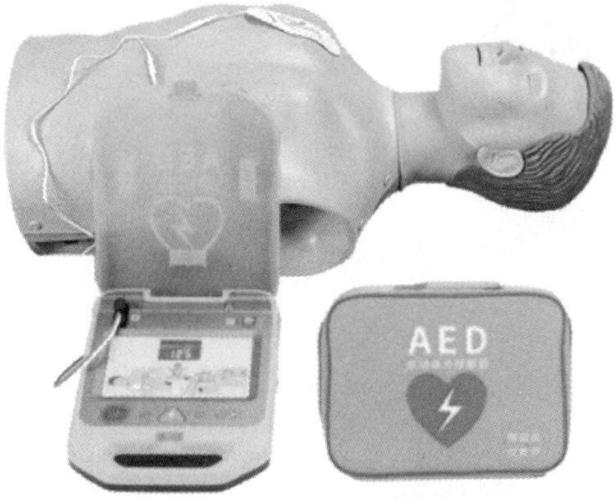

图 4-33　自动体外除颤器

自动体外除颤器（AED）具有自动识别、分析心电节律、自动充放电及自检功能。且与常规除颤器相比，可提高存活率，提供连续检测，快速识别和迅速反应功能，安全可靠，具有有效降低心脏骤停的发生率和死亡率的潜在功能，如图 4-33 所示。

(一) 使用方法

(1) 使用前，需解开或剪开衣物，完全暴露伤者前胸部，去除或移除伤者胸前所有可移除的金属物体如表链、徽章及饰物等，确保胸前没有异物，以免影响电击，减弱或散失除颤能量。

(2) 连接电极板。将电极板紧贴在伤者胸部适当位置上，再将电极板插头插入 AED 主机插孔。电极板正确连接后，可自动分析心律，在此过程中切勿与伤者接触，因为即使是轻微的触动都有可能影响 AED 的分析结果。

（3）开启电源。除颤仪自动分析完毕后，AED 将发出是否进行除颤的建议。

（4）除颤。当 AED 发出除颤建议时，操作者及附近人群切勿与伤者接触。操作者按下半自动型体外除颤器的“放电”或“除颤”键进行除颤，应用全自动型体外除颤器则无须按键即可自动完成除颤。

（二）注意事项

（1）在贴放电极片前，应先清除伤者过多的胸毛，确保电极片与皮肤贴合紧密。

（2）要迅速擦干伤者胸部过多的水分或汗液，然后再贴放电极片。

（3）不能在水中或金属等导电物体表面使用 AED。如果伤者躺在水中，要先将伤者抬出，并擦干胸部再使用 AED。

（4）避免将电极片贴在伤者植入式除颤器、起搏器和药物贴片上。

（5）按照图示位置贴放电极片，如果电极片贴反了，不必取下重贴。

六、侧边进入系统

侧边进入系统由悬臂、绞盘、主体支架等部件组成，用于带法兰口罐体侧入防坠救援吊装，如图 4-34 所示。

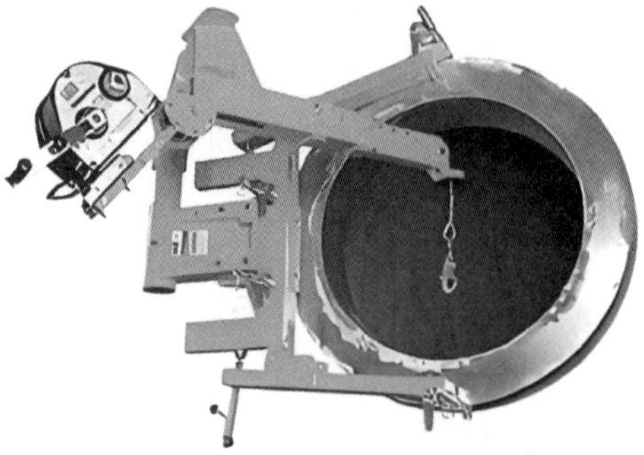

图 4-34　侧边进入系统

（一）使用方法

（1）清除法兰口其他附件，为安装做准备。

（2）把法兰基架中间支架安装到法兰口上，调整到垂直状态并把 2 个定位销锁紧。

（3）先后安装法兰基架上部和下部支架并锁紧定位销。

（4）安装法兰基架下部支架并锁紧定位销。

（5）把悬臂套在法兰基架中间支架的套筒上，并根据法兰口高度调节到合适位置。

（6）安装绞盘。

（二）日常检查及维护

（1）绞盘制动及过载保护指示器检查。绞盘末端挂钩中部配置红色指示器，如发生过载，红色指示器打开，立即停止使用。

（2）日常维护。侧入悬臂本体平时不需要特别保养维护，长时间使用注意锚固件是否有松动，如有松动请随时拧紧。绞盘钢丝绳如果出现松散、严重毛刺、断股现象或是整体变细达到 5/6 以上时，必须停止使用并更换。

（3）清洁。侧入悬臂可使用温水配合中性清洁剂，浸蘸软布擦拭设备，禁止浸泡或是使用有机或化学清洁剂。

（4）润滑。严禁使用其他油类、脂类润滑剂润滑。润滑绞盘及内部时，建议转动手柄至少 10 圈，使充分润滑。

（5）存储。建议存储在干燥、通风的场合，不使用时请注意密封，防止灰尘进入。

七、便携式吊杆系统

便携式吊杆系统可用于悬挂作业、防坠落、救援、物料提升、有限空间进出，绞盘配置棘轮制动系统、二重惯性制动系统、制动磨损指示器、过载保护指示器、钢丝绳回收防缠绕系统。如图 4-35 所示。

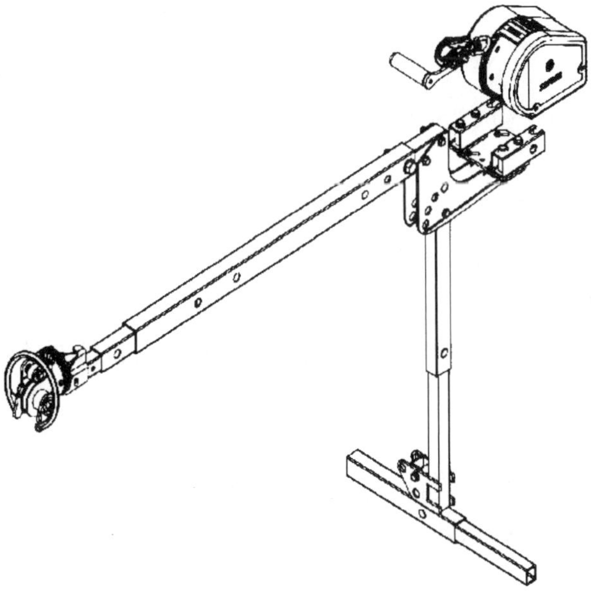

图 4-35 便携式吊杆系统

（一）使用方法

（1）拉出脚踏杆，并固定牢固。

（2）拉出悬臂，调整好距离，并固定牢固。

（3）安装顶部锚点，固定牢固，顶部锚点最大承载力为 8kN。

（4）安装绞盘。

（二）日常检查维护

与侧边进入系统一致。

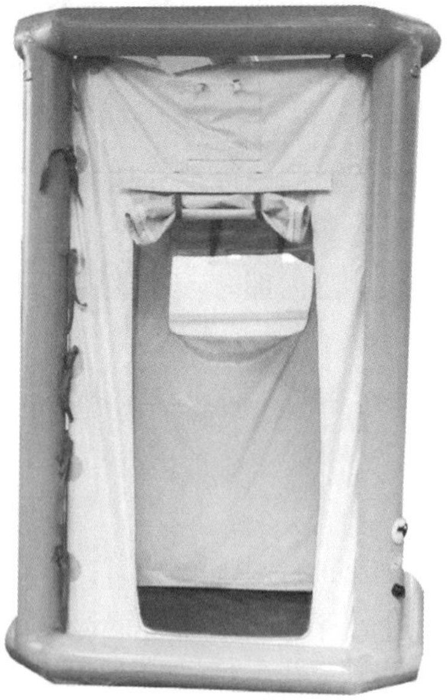

图 4-36 单人洗消帐篷

八、单人洗消帐篷

单人洗消帐篷由帐篷、喷淋系统、污水抽吸泵、回收袋、充气泵等组成，主要用于单个救援人员离开污染的现场时，对在有限空间作业事故处置中的救援人员及着装进行洗消，如图 4-36 所示。

（一）洗消方法

（1）将折叠存放在运输袋内的个人洗消帐篷打开，确定帐篷入口供水及排水接头的位置，确定充气阀门的安装位置。

（2）将电动充气泵和充气软管及电线盘连接好，给个人洗消帐篷接上充气软管，分别给两个软管充气，在充气的同时把帐篷 4 个角拉挺，充气完成一半后可以放开。在风大的时候要给帐篷拉下固定带，把铁尖打入地下，使帐篷不被风吹倒。

（3）将供液泵放至离帐篷 2m 处，供液软管的一头接在供液泵上，另一头接在水源处，供液泵与均混桶相接。

（4）将排液泵及回收液袋放到离帐篷 4m 处连接好，回收液袋的接头开关一定要开足，排液泵与帐篷的一个排液口相接，将排液泵的电线接上电源。

（二）注意事项

（1）使用与保存时应避免与环境中的油、酸、碱和有机溶剂等物质接触。

（2）使用完毕后须除去污垢，并将帐篷气柱内的空气抽尽，且保持在干燥下进行折叠包装。

（3）帐篷体内压力降低可随时进行补气，以保持帐篷刚性。

（4）帐篷最好搭设在稍有斜度的地面上，以利于废水的排出。

（5）每次使用后必须清洗干净，擦洗晾干后收回。使用时尽量选择平整且磨损较小的场地搭设。

第五章　有限空间作业安全技术服务

聚焦重点行业领域和重点地区，通过精准开展安全技术服务，强化服务意识、拓展服务领域、提升服务效能，可全面辨识有限空间作业安全风险，从源头上化解风险、消除隐患，降低事故发生可能性。本章从安全技术服务的内容、方式、流程和矿山、危险化学品、工贸、市政不同行业领域技术服务要点等方面对安全技术服务的模式、方法等进行了归纳总结，列举了有限空间作业常见问题，用以指导安全生产应急救援队伍开展安全技术服务，帮助生产经营单位解决有限空间作业安全管理中的问题，推动提升防范遏制有限空间作业事故能力水平。

第一节　安全技术服务概述

有限空间作业安全技术服务指面向有限空间作业单位开展的一系列专业化安全保障举措与服务。通过开展有限空间辨识、安全操作规程制定、应急预案编制、安全技能培训以及特殊工况下突发事件的应急救援处置等工作，给出科学有效的有限空间作业防护办法，进而提升有限空间作业单位负责人、安全管理人以及相关从业人员的安全意识与自救互救能力。

一、安全技术服务的目的

（1）践行“人民至上、生命至上”的理念，将保障人员生命安全和健康置于首位。通过开展有限空间作业安全技术服务，切实履行安全生产应急救援队伍的职责与使命，推动国家有关有限空间作业的法律法规及标准落实落地，确保各项安全要求在实际作业中得到严格执行。

（2）规范有限空间作业管理。为生产经营单位提供系统精准的建议、方法以及作业指导，助力单位建立健全有限空间作业安全管理制度与岗位操作规程，明确各方安全职责，规范作业审批、承发包、教育培训、现场作业管理、应急处置等环节，维护有限空间作业安全管理秩序。

（3）提升生产经营单位有限空间作业安全管理水平。查找单位潜在安全风险，规范有限空间作业流程和应急装备配备，强化各层级岗位人员责任落实，提升负责人、监护人、作业人的能力，降低作业过程中各类安全事故的发生概率，避免有限空间作业安全事故发生，增强有限空间事故应急救援处置能力，从根本上提高从业人员的安全意识和作业安全水平，保障作业过程安全稳定。

二、安全技术服务的原则

（1）安全第一，预防为主。将保障人员生命安全和健康放在首位。通过全面的风险评估和预防措施，提前识别和消除生产经营单位有限空间作业潜在的安全隐患。

（2）依法合规，精准服务。严格遵守国家和地方有关有限空间作业的法律法规、标准规范，确保服务的合法性和规范性。运用科学的方法和精准的技术手段，为生产经营单位有限空间作业提供准确、针对性的服务。

（3）系统规划，体系提升。从整体上考虑有限空间的安全管理，包括有限空间识别、作业流程、设备设施、人员培训、应急救援等各个方面，形成一个完整的安全技术服务清单及提升有限空间作业的安全管理体系。

三、安全技术服务方式

有限空间作业安全技术服务，是指由具备有限空间作业安全专业知识、丰富经验和特定技能的人员，针对有限空间作业安全风险及特征，提供系统、精准的建议、方法以及作业指导等。安全技术服务既可以针对服务单位有限空间管理中的单个或多个要素、特定场景及项目需求开展专项类的服务，也可以针对服务单位从有限空间风险辨识、作业方案制定、安全设备配备与维护、人员培训、现场作业监督、应急救援预案制定与演练等多方面开展全面、系统、深入综合性的指导。

四、安全技术服务要求

（一）技术服务人员能力要求

技术服务人员应拥有充足的专业知识与技能，精准地识别和评估各类有限空间作业安全风险，开展理论培训和作业现场指导，掌握各类设备的配备要求与使用方法，遵守操作规程，保障技术服务的质量与安全。

1. 通用要求

（1）沟通表达。具备良好的沟通表达能力，与服务单位、同事有效沟通，清晰解释技术概念和解决方案，可独立撰写技术服务报告。

（2）解决问题。具备分析、诊断、解决复杂问题的能力。

（3）团队合作。具备与他人合作，共同完成服务工作的能力，能够分享知识和经验，帮助他人解决问题。

（4）项目管理。具备制定服务项目计划，跟踪项目进展，并根据实际情况调整计划的能力。

（5）职业道德。具有正直、诚实、敬业、务实的职业品德，遵守服务单位的规章制度，能够不断学习和提高，为技术服务作出贡献。

2. 专业要求

（1）理论知识。了解有限空间作业相关的法律法规、行业政策，掌握有限空间识别、风险辨识、隐患排查等基础知识。

（2）专业技术。根据生产经营单位有限空间特点，辨识作业过程中存在的各种潜在风险，如窒息、中毒、爆炸等；制订针对性的安全措施和作业方案；掌握气体检测、通风设备的使用和防护装备的配备要领；指导单位规范作业流程。

(3) 救援技能。掌握救援装备使用方法和常见自救互救要领等有限空间救援技术。

(二) 被服务生产经营单位要求

(1) 被服务的生产经营单位应向安全生产应急救援队伍提供服务项目相关档案、图纸等必要的资料和便利条件。

(2) 被服务的生产经营单位应安排相关人员协助安全生产应急救援队伍队开展安全技术服务工作。

本节聚焦重点行业、领域和有限空间作业特点，介绍了开展有限空间安全技术服务目的、原则、方式及要求，提出了有限空间安全技术服务的团队、人员要求，旨在提升生产经营单位有限空间作业安全管理水平，推动有限空间作业安全技术服务实施，推广安全新理念，探索服务新模式。

第二节　安全技术服务内容及程序

一、安全技术服务主要内容

有限空间作业安全技术服务重点围绕生产经营单位需求，建立完善有限空间安全管理制度、协助开展有限空间安全风险辨识、指导开展有限空间安全培训、帮助编制有限空间现场处置方案及指导应急演练等，服务包括但不限于以下内容。

(一) 制度方面

(1) 配合完善有限空间作业安全管理制度，明确审批人、监护人员、作业人员的职责，以及安全培训、作业审批、防护用品、应急救援装备、操作规程和应急处置等方面的要求。

(2) 指导开展作业审批，落实全员安全生产责任制，对于高风险有限空间作业，确保由生产经营单位主要负责人或其书面委托的人员进行审批，并明确相关责任。

(二) 有限空间辨识方面

(1) 帮助建立有限空间管理台账，并落实台账更新内容。

(2) 针对建立的有限空间管理台账，分析数量、位置、危险因素及防护要求等要素的合理性、全面性。

(三) 安全培训方面

(1) 协助开展有限空间作业专题安全培训，对作业审批人、监护人员、作业人员和应急救援人员进行有限空间作业安全知识、装备器材和救援技能培训。

（2）有限空间作业安全培训应包括有限空间作业安全相关法律法规和标准、事故案例、危险有害因素、作业安全管理、作业安全操作规程和事故应急处置措施等内容。

（3）提升监护人员有限空间理论知识水平，增强应急处置能力，确保能正确使用气体检测、机械通风、呼吸防护、应急救援等装备。

（4）帮助建立有限空间培训档案，确保培训内容全面实用，培训记录真实有效，严禁教育培训不合格人员上岗作业。

（四）救援装备器材方面

（1）根据有限空间危险因素及特点，指导配备符合国家标准或者行业标准的气体检测报警仪器、机械通风设备、呼吸防护及应急救援装备。

（2）指导有限空间作业相关人员正确使用气体检测、机械通风、呼吸防护、应急救援等装备。

（3）指导生产经营单位对相关用品和装备进行维护、保养、定期检测，确保能够正常使用。

（五）应急管理方面

（1）根据有限空间作业特点，指导生产经营单位编制有限空间现场处置方案或应急处置卡，明确应急处置流程和各岗位人员职责。

（2）指导生产经营单位定期开展演练，在演练过程中提供专业指导，演练后进行效果评估，总结经验教训，并及时修改完善应急预案。

（六）预防性检查方面

（1）检查有限空间风险告知牌、警戒标志的设置情况，核实对可能产生有毒物质的有限空间是否采取上锁、隔离栏、防护网或其他物理隔离措施。

（2）检查有限空间作业现场监护人员配备及履职情况、作业审批、防护用品和应急救援装备配备等事项。

（3）检查作业现场个体防护、安全交底、作业监护、机械通风、气体检测等执行情况。

（4）检查作业现场相关人员应急救援装备使用、突发事件应急处置、逃生自救方法掌握情况等。

二、安全技术服务程序

技术服务程序包括明确对象、服务准备、服务实施、资料整理及反馈、档案管理和跟进隐患整改等环节，具体流程如图 5-1 所示。

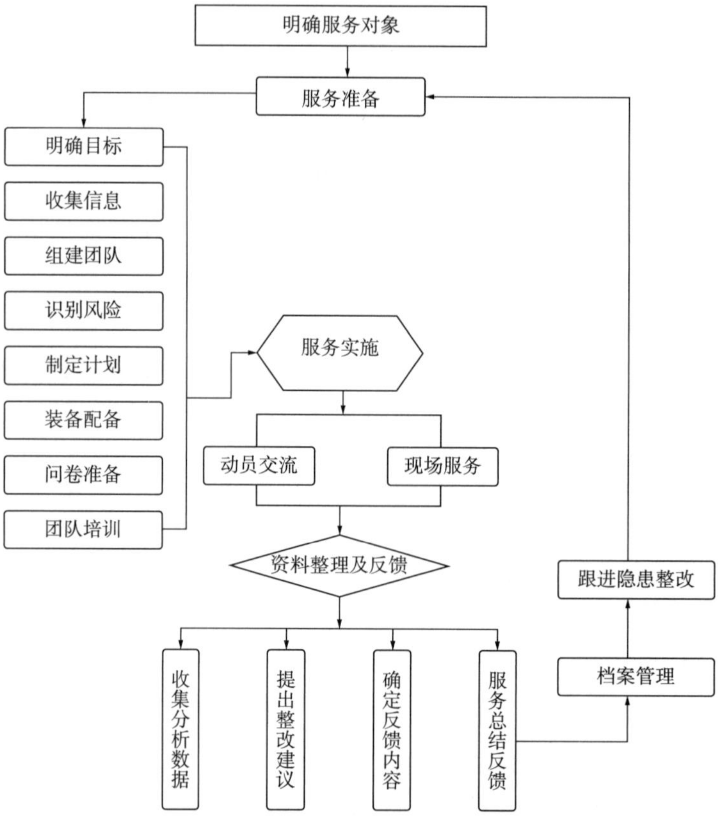

图 5-1　技术服务流程

第三节　安全技术服务方法和要点

一、安全技术服务方法

开展有限空间作业安全技术服务的方法有多种，有定性的，有定量的；有复杂的，有简单的；有易操作的，有难操作的。常用的方法主要有安全检查表法(SCL)、风险矩阵法(LS)和故障树分析法(FTA)。

(一) 安全检查表法(SCL)

1. 定义

安全检查表法，可称对照比较法，即事先查找必须遵守的有关法规、标准、规程、规定等文件，编制系统的安全检查表，安全检查表从每一小项到子系统、总系统都要赋予相应的分值，按照一定的公式对这些数值进行逐级运算，可得到子系统、总系统的各级安全状况。

2. 特点

安全检查表法简单实用，易操作。但是编制一套好的安全检查表，是一项系统工程，不是轻而易举能做到的，必须投入相当的人力、财力、物力才能做好。主要优、缺点如下。

(1) 安全检查表法的优点

① 能够事先编制检查表，有充分的时间组织有经验的人员来编写，做到系统化、完整化，不至于遗漏能导致危险的关键因素。

② 安全检查表法可以根据现有的规章制度、法律、法规和标准规范等检查执行情况，评价结果客观、准确。

③ 安全检查表法采用提问的方式，有问有答，给人的印象深刻，能使人知道如何做才是正确的，因而可起到安全教育的作用。

(2) 安全检查表法的缺点

① 安全检查表法只能进行定性评价，不能进行定量评价。

② 安全检查表法的质量受编制人员知识水平和经验的影响。

3. 适用范围

安全检查表法是进行安全检查、发现潜在危险的一种实用而简单可行的安全评价分析方法，适用于矿山、化工、工贸等各行业领域，可用在有限空间管理、作业现场风险评判等环节。

4. 编制步骤

安全检查表是为了系统地找出有限空间管理中的不安全因素，加以剖析，确定检查项目并编制成表，以便进行检查。安全检查表的编制步骤如下：

(1) 熟悉有限空间的部位、特点、风险和已有的安全设施等。

(2) 收集有限空间相关的安全法律法规、标准、制度及过去发生过事故的资料，作为编制安全检查表的依据，例如《危险化学品企业特殊作业安全规范》《工贸企业有限空间作业安全规定》《缺氧危险作业安全规程》《有限空间作业安全规范(河北)》等国家、行业、地方标准规范。

(3) 按区域或风险特点划分单元，逐个分析潜在的危险因素。

(4) 针对危险因素，依据有关法律法规、标准规定，参考过去事故的教训和经验确定安全检查表的检查要点、内容和为达到安全指标应采取的措施。

安全检查表编制程序如图 5-2 所示。

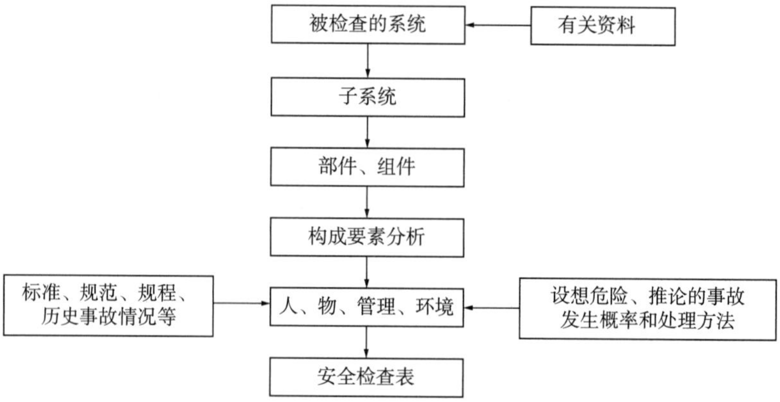

图 5-2　安全检查表编制程序

5. 应用示例

检查表示例如表 5-1 所示。

表 5-1　有限空间作业安全检查表

检查项目	检查事项	检查内容	法规依据
例：有限空间（密闭空间、受限空间）专项检查	有限空间作业应具备的安全生产条件	配置有限空间作业的个人劳动防护用品	《中华人民共和国安全生产法》第四十五条
……	……	……	……

（二）风险指数矩阵法（LS）

综合考虑有限空间作业中事故发生的可能性和后果的严重程度，将两者分别划分为不同的等级。通过矩阵交叉确定风险等级，为制定相应的控制措施提供依据。

1. 定义

风险指数矩阵法是一种定性的风险估算方法，此分析法是将决定危险事件的风险的两种因素，即危险事件的严重性和危险事件发生的可能性，按其特点相对地划分等级，形成一种风险评价矩阵，并赋予一定的加权值，定性衡量风险的大小。

2. 特点

（1）风险指数矩阵法的优点。操作简单方便，能初步估算出危险事件的风险指数，并进行风险分级。

（2）风险指数矩阵法的缺点。风险指数矩阵法的风险评估指数通常是主观确定的，定性指标有时没有实际意义，风险等级的划分具有随意性，有时不便于风险的决策。

3. 适用范围

风险指数矩阵法在建立有限空间安全管理体系和作业过程管理中均常被用到，此方法一般不单独使用，常和预先危险性分析、故障类型及影响性分析、LEC 法等评价方法结合使用。

4. 编制步骤

风险指数矩阵法考虑了事故发生的可能性(L)和事故后果严重程度(S)两个变量，给两个变量分别确定了不同等级，再通过风险矩阵来判定风险程度。

风险的数学表达式为：

$$R=L\times S$$

式中 R——风险值；

L——发生伤害的可能性；

S——发生伤害后果的严重程度。

风险指数矩阵编制步骤如下：

(1) 由系统、分系统或设备的故障、环境条件、设计缺陷、操作规程不当、人为差错引起的有害后果，将这些后果的严重程度相对地、定性地分为若干级，称为危险事件的严重分级。通常危险事件严重性等级分为四级，如表 5-2 所示。

表 5-2 危险事件严重等级表

严重性等级	等级说明	事故后果说明
Ⅰ	灾难	人员死亡
Ⅱ	严重	人员严重受伤、严重职业病
Ⅲ	轻度	人员轻度受伤、轻度职业病
Ⅳ	轻微	人员伤害程度轻于Ⅲ级

(2) 把上述从偏差发生频率、安全检查、操作规程、员工胜任程度、控制措施五个方面危险事件发生的可能性根据其出现的频繁程度相对地定性为若干级，称为危险事件的可能性等级。通常危险事件可能性等级分为五级，如表 5-3 所示。

表 5-3 危险事件可能性等级表

可能性等级	说明	发生情况
A	频繁	连续发生
B	很可能	频繁发生
C	有时	发生若干次
D	极少	不易发生，但有理由可预期发生
E	不可能	不易发生

(3) 将上述危险严重性和可能性等级制成矩阵并分别给出定性的加权指数，形成风险评价指数矩阵，如表 5-4 所示。

表 5-4　风险评价指数矩阵表

严重性等级 / 可能性等级	Ⅰ(灾难)	Ⅱ(严重)	Ⅲ(轻度)	Ⅳ(轻微)
A(频繁)	20	19	14	8
B(很可能)	19	16	12	5
C(有时)	17	15	10	3
D(极少)	13	11	7	2
E(不可能)	9	6	4	1

矩阵中的加权指数称为风险评估指数，指数从 1~20 是根据危险事件可能性和严重性水平综合而定的，通常将最高风险指数定为 20，相对应的危险事件是频繁发生的并具有灾难性后果的。最低风险指数 1，对应的危险事件几乎不可能发生而且后果是轻微的，数字等级的划分具有随意性，为了便于区分各种风险的档次，需要根据具体评价对象确定风险评价指数。

（4）根据矩阵中的指数确定不同类别的决策结果，确定风险等级。风险等级表如表 5-5 所示。

表 5-5　风险等级表

风险值(风险指数)	1~5	6~9	10~17	18~20
风险等级	4	3	2	1

（5）根据风险等级确定相应的风险控制措施。一般来说 1 级为不可接受的风险；2 级为不希望有的风险；3 级为需要采取控制措施才能接受的风险；4 级为可接受的风险，需要引起注意。评价人员可以结合生产经营单位实际情况，综合考虑风险等级。

5. 应用示例

以某化工厂为例，运用风险矩阵法对生产经营单位有限空间存在的危险因素进行风险评估。

根据危险事件发生的频繁程度，将危险事件发生的可能性分为 5 个等级，分别为频繁、很可能、有时、极少、可忽略。见表 5-6。

表 5-6　可能性等级划分表

可能性等级	频繁	很可能	有时	极少	可忽略
分值	5	4	3	2	1

根据危险事件发生后的严重程度，将危险事件发生后的严重度分为 5 个等级，分别为灾难、严重、轻度、轻微、可忽略。见表 5-7。

表 5-7 化工厂有限空间危害因素评价指数

严重度等级	灾难	严重	轻度	轻微	可忽略
分值	5	4	3	2	1

依据危险事件的后果严重度和可能性两方面确定风险等级，风险等级由大到小分别为Ⅰ(不可接受)、Ⅱ(较重)、Ⅲ(一般)、Ⅳ(轻微)、Ⅴ(可忽略)5 级。见表 5-8。

表 5-8 化工厂有限空间风险等级

风险等级	Ⅰ(不可接受)	Ⅱ(较重)	Ⅲ(一般)	Ⅳ(轻微)	Ⅴ(可忽略)
分值	21~25	16~20	11~15	6~10	0~5

根据各个危害因素在化工厂有限空间作业中的实际危害情况，判断各个危害因素的风险评价等级。见表 5-9。

表 5-9 化工厂有限空间危害因素风险等级

项目	可能性	严重度	风险等级
中毒	5	5	Ⅰ(不可接受)
窒息	5	5	Ⅰ(不可接受)
燃爆	4	5	Ⅱ(较重)
高处坠落	3	4	Ⅲ(一般)
触电	3	4	Ⅲ(一般)
淹溺	2	4	Ⅳ(轻微)
粉尘	2	3	Ⅳ(轻微)

(三) 故障树分析法(FTA)

1. 定义

故障树分析法又称事故逻辑分析法，是对事故进行分析和预测的一种方法。根据系统可能发生的事故(场景/情景)或已经发生的事故结果，去寻找与该事故发生有关的原因、条件和规律，同时可以辨识出系统中可能导致事故发生的危险源。

相关概念：

(1) 最小割集是指能引起顶上事件发生的最低限度基本事件的集合。

(2) 最小径集是指不能导致顶上事件发生的最低限度基本事件的集合。

2. 特点

故障树分析法是一种系统性的分析方法，能够全面、深入地剖析系统中可能导致故障的各种因素及它们之间的逻辑关系，从整体到局部，不放过任何一个可能的故障路径。主要优、缺点如下：

（1）故障树分析法优点

① 能识别出设备的不安全状态、人的不安全行为。

② 能对导致事故的各种因素及逻辑关系做出全面、简洁和形象的描述；具有直观性和清晰的逻辑性，以图形化的方式展示故障的因果关系，使复杂的系统故障变得易于理解和分析，帮助分析人员迅速把握关键因素。

③ 可开展定性和定量分析，定性分析可确定导致顶上事件发生的最小割集，找出系统的薄弱环节；定量分析能计算出故障发生的概率，便于查明系统内固有的或潜在的各种危险因素，为有限空间作业和管理提供科学依据。

④ 具有强大的预测能力，在有限空间日常管理和作业阶段，通过构建故障树提前预测潜在的故障模式，使安全管理人员、作业人员全面了解和掌握有限空间作业预防要点，提前采取预防措施，避免事故发生。

（2）故障树分析法缺点

① 要编好故障树必须具有丰富的经验，对系统非常熟悉，并且要准确掌握好分析方法。即便如此，不同人编出的故障树其结果也不会完全相同。

② 要对系统进行定量分析，必须知道故障树中各事件的故障率，否则会造成定量分析结果不准确。

3. 适用范围

故障树分析法适用于有限空间作业的各个阶段和环节，能够为保障作业人员生命安全、预防事故发生、规范作业流程和完善安全管理提供有效的决策支持。

4. 分析步骤

首先，明确对象，根据有限空间管理中亟待解决的问题，定义故障事件，并找出最关键的顶上事件。

其次，编制故障树，从顶上事件出发，逐级找出导致各级事件发生的所有可能直接原因，并用相应的符号表示事件之间相互的逻辑关系，直至分析到底事件为止。

最后，开展定性与定量分析。定性分析是 FTA 的核心内容，目的是分析某故障的发生规律及特点，找出控制消除该故障的可行方案。定量分析是 FTA 的最终目的，是求出系统可靠性的定量结果。具体分析步骤如图 5-3 所示，具体如下：

（1）熟悉系统。详细了解有限空间作业的系统状态、各种参数以及作业流程。

（2）调查事故。收集与有限空间作业相关的事故案例，进行事故统计。

（3）确定顶上事件。分析所调查的事故，从中找出后果严重且较易发生的事故作为顶上事件。例如，“有限空间作业人员窒息、中毒”可作为顶上事件。

（4）确定目标值。根据经验教训和事故案例，经统计分析后，确定可接受的事故发

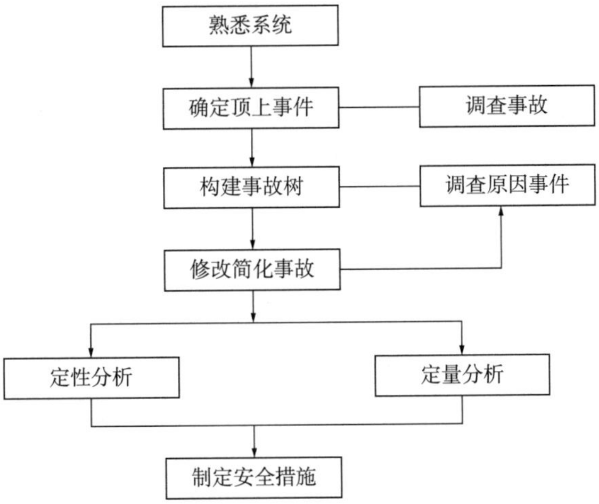

图 5-3　故障树分析步骤

生概率(频率)作为目标值。

(5) 调查原因事件。全面调查与顶上事件有关的所有原因事件和各种因素。这些因素可能包括但不限于：通风不良或未进行通风、未佩戴个体防护装备或个人防护失效、氧浓度检测失效、作业人员安全意识薄弱、违规操作等。

(6) 画出故障树。从顶上事件开始，逐级找出直接导致顶上事件发生的原因事件，直至达到所需的分析深度。使用逻辑门符号(如“与门”“或门”等，如表 5-10 所示)表示事件之间的逻辑关系，构建故障树。例如，如果通风不良(事件 A)和有毒有害气体泄漏(事件 B)同时发生会导致顶上事件“人员伤亡”，则用“与门”连接这两个事件与顶上事件。

表 5-10　逻辑门释义

项目	符号	符号名称	含义
逻辑门符号	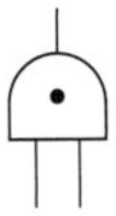	与门	表示下面的输入事件都发生，上面输出事件才能发生
	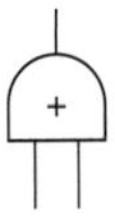	或门	表示下面输入事件只要有一个发生，就会引起上面的输出事件

(7) 故障树分析。对故障树进行简化，确定各基本事件的结构重要度，有助于识别对顶上事件影响较大的关键因素。

(8) 事故发生概率的计算。在实际应用中，一般通过定性分析(确定最小割集和结构重要度)即可取得较好效果。当定性分析不能满足需要时，采用此方法进行定量分析。

分析时先确定所有基本事件的发生概率，将其标注在故障树上，然后通过相应的计算方法，求出顶上事件(事故)的发生概率。

(9) 提出改进措施。根据分析结果，针对关键因素提出切实可行的预防和改进措施，以降低事故发生的可能性。例如，加强通风设备的维护、增加气体检测频率、提供充足的防护装备、加强作业人员培训等。

5. 定性分析

在故障树中，基本事件对顶上事件的发生均产生影响，但所起的作用不同，有些基本事件起的作用大，而另一些基本事件起的作用小，重要程度有差异。基本事件对顶上事件的影响性大小被称为基本事件的重要度。当不考虑各基本事件的发生概率，仅从故障树的结构上研究各基本事件对顶上事件的影响程度时，称为结构重要度分析。结构重要度分析方法有两种：一是用最小割集合和最小径集合近似判断各基本事件的结构重要度的大小，并排列次序；二是计算出各基本事件的结构重要度系数，按系数由大到小排列各基本事件的重要顺序。

(1) 近似判断结构重要度

根据最小割集或最小径集判断结构重要度顺序，是进行结构重要度分析的简化方法。它具有足够的精度，同时又不至于过分复杂。

最小割集是能引起顶上事件发生的最低限度基本事件的集合，一个割集如含有 X_1、X_2两个基本事件，则记为$\{X_1, X_2\}$，故障树中最小割集越多，系统发生事故的可能性(途径)越多，因而就越危险。

最小径集是不能引起顶上事件发生的最低限度基本事件的集合，故障树中最小径集越多，控制顶上事件不发生的方案就越多，因而系统就越安全。

最小割(径)集的求法为布尔代数化简法，具体步骤如下：

第一步，列出故障树的布尔表达式，“或门”用逻辑加表示，“与门”用逻辑积表示，层层替代。

第二步，利用布尔代数的有关运算定律化简，就可求出最小割集，布尔代数化简的主要运算定律如下：

① 分配律：$a \cdot (b+c)=a \cdot b+a \cdot c \qquad a+b \cdot c=(a+b) \cdot (a+c)$

② 幂等律：$a+a=a \qquad a \cdot a=a$

③ 吸收律：$a+a \cdot b=a \qquad a \cdot (a+b)=a$

④ 互补律：$a+a'=1 \qquad a \cdot a'=0$

⑤ 德·莫根律：$(a+b)'=a' \cdot b' \qquad (a \cdot b)'=a'+b'$

求出最小割(径)集后，按顺序依次使用以下原则近似判断结构重要度。

① 单事件最小割(径)集中的基本事件结构重要度最大，例如某故障树有 3 个最小割集：$\{X_1\}\{X_2, X_3\}\{X_4, X_5, X_6\}$，则 $I_{\phi(1)}>I_{\phi(i)}(i=2, 3, 4, 5, 6)$。

② 仅出现在同一个最小割(径)集的所有基本事件结构重要度相等，例如某故障树 X_1，X_2只出现在某割集 K_1中，则 $I_{\phi(1)}=I_{\phi(2)}$。

③ 仅出现在基本事件个数相等的若干个最小割(径)集中，出现次数多结构重要度大，例如以下三个最小割集$\{X_1, X_2, X_3\}\{X_2, X_3, X_4\}\{X_1, X_2, X_5\}$中，$X_2$出现了 3 次，$X_1$、$X_3$出现了 2 次，$X_4$、$X_5$出现了 1 次，$I_{\phi(2)}>I_{\phi(1)}=I_{\phi(3)}>I_{\phi(4)}=I_{\phi(5)}$。

④ 两个基本事件出现在基本事件个数不等的若干个最小割(径)集中，其结构重要度依下列情况而定。

若在各最小割(径)集出现次数相等，则在事件数较少的最小割(径)集中出现的基本事件，结构重要度大；若还无法判别时可用下式近似判别。

$$I_{(i)}=\sum_{X_i \in K_j}\frac{1}{2^{n_i-1}}$$

式中 $I_{(i)}$——X_i结构重要度的近似判别值；

$X_i \in K_j$——X_i属于 K_j最小割(径)集；

n_i——X_i所在最小割(径)集中基本事件的个数。

利用上述 4 条原则判断基本事件结构重要度大小时，必须从第 1 条至第 4 条按顺序进行。

(2) 准确计算结构重要度系数

当基本事件 X_i以外的其他基本事件固定为某一状态，基本事件 X_i由不发生转变为发生时，顶上事件状态可能维持不变，也可能发生变化。记 $X_i=1$ 为 1_i，$X_i=0$ 为 0_i，在某个基本事件 X_i的状态由 0 变到 1，即由 0_i变到 1_i而其他基本事件保持不变时，顶上事件的状态有 3 种可能：

① $\phi(0_i, X)=0 \rightarrow \phi(1_i, X)=1$，此时 $\phi(1_i, X)-\phi(0_i, X)=1$

② $\phi(0_i, X)=0 \rightarrow \phi(1_i, X)=0$，此时 $\phi(1_i, X)-\phi(0_i, X)=0$

③ $\phi(0_i, X)=0 \rightarrow \phi(1_i, X)=1$，此时 $\phi(1_i, X)-\phi(0_i, X)=0$

可以看出，只有第 1 种情况说明 X_i的变化对顶上事件的发生起了作用，即随着基本事件 X_i的状态由 0 变到 1，顶上事件的状态也从 0 变到 1。这种情况越多，说明 X_i越重要。

用结构重要度系数 $I_\phi(i)$表示 X_i的重要程度，其定义式为

$$I_\phi(i)=\frac{1}{2^{n-1}}\sum[\phi(1_i, X)-\phi(0_i, X)]$$

上式的意义：n 个基本事件两种状态的组合共有 2^n 种，X_i作为变化对象(从 0 变到 1)，其他基本事件的状态保持不变的对照组共有 2^{n-1}个，$\sum[\phi(1_i, X)-\phi(0_i, X)]$的数值表示在 2^{n-1}种状态中，上述第 1 种情况发生的次数。因此，它们的比值可表示基本事件 X_i的重要性程度。

计算出每个基本事件 X_i 的结构重要系数 $I_{\phi(i)}$ 后，再按照 $I_{\phi(i)}$ 的大小，排列出各基本事件 X_i 的结构重要度顺序。

以图 5-4 为例，基本事件为 X_1、X_2、X_3，进行结构重要度分析。

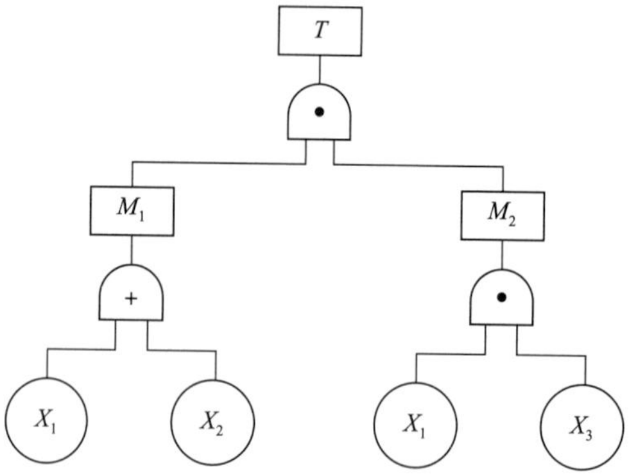

图 5-4　故障树示意图

第一步，列出基本事件状态值与顶上事件状态值表(发生为 1，不发生为 0)，如表 5-11所示。

表 5-11　基本事件状态值与顶上事件状态值

X_1	X_2	X_3	$\phi(1_i, X_j)$	X_1	X_2	X_3	$\phi(0_i, X_j)$
1	0	0	0	0	0	0	0
1	0	1	1	0	0	1	0
1	1	0	0	0	1	0	0
1	1	1	1	0	1	1	0

第二步，计算结构重要度系数。

上表中左半部 X_1 对应的状态值均为 1，右半部 X_1 对应的状态值均为 0，根据定义式计算 X_1 的结构重要度系数

$$I_{\phi(1)}=\frac{1}{2^{3-1}}\sum[\phi(1, X)-\phi(0, X)]$$

$$=\frac{1}{4}\times[(0-0)+(1-0)+(0-0)+(1-0)]=\frac{1}{2}$$

同理，调换上表中的排列顺序分别使左半部 X_2(或 X_3)对应的状态值均为 1，右半部 X_2(或 X_3)对应的状态值均为 0，求出 X_2，X_3 的结构重要度系数为

$$I_{\phi(2)}=0, \ I_{\phi(3)}=1/2$$

第三步，排列结构重要度顺序。

根据各个基本事件的结构重要度系数，排列出它们的结构重要度顺序为：

$$I_{\phi(1)}=I_{\phi(3)}>I_{\phi(2)}$$

6. 注意事项

在进行有限空间作业安全 FTA 分析时，需注意以下几点：

(1) 分析人员应熟悉有限空间作业的相关知识和流程，以及 FTA 方法的使用。

(2) 确保收集的事故案例和数据准确、全面，以便进行有效的分析。

(3) 故障树的构建应逻辑清晰、准确无误，反映实际的因果关系。

(4) 随着系统或作业条件的变化，应及时更新和重新评估故障树。

7. 应用示例

(1) 故障树的建立

根据事故致因理论，确定顶上事件为有限空间作业中毒窒息事故，分析中毒窒息事故的各类原因，其直接原因有 3 个，分别为：盲目进入有限空间；有毒气体含量超标或氧含量过低；个体防护措施未起到作用。以此为基础，逐层深入分析事故的基本原因，建立故障树，如图 5-5 所示。故障树中事件符号说明见表 5-12。

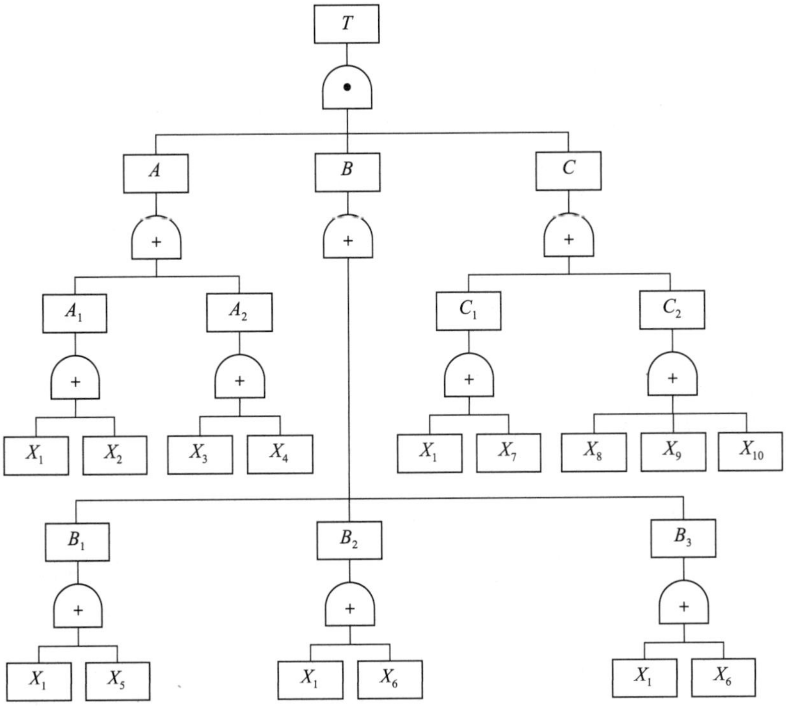

图 5-5 有限空间作业中毒窒息故障树示意图

表 5-12 故障树中事件符号说明表

符号	类型	事件符号说明
T	顶上事件	有限空间中毒、窒息事故
A	中间事件	盲目进入有限空间
B	中间事件	有毒气体含量超标或氧含量过低

续表

符号	类型	事件符号说明
C	中间事件	个体防护措施未起到作用
A_1	中间事件	未对有限空间有毒气体含量或氧含量进行检测分析
A_2	中间事件	对有限空间有毒气体含量或氧含量检测分析错误
B_1	中间事件	未对有限空间进行通风或通风不足
B_2	中间事件	与有限空间相连的管道、阀门等没有有效隔绝
B_3	中间事件	有限空间未清理干净，残余物料中有毒或窒息性气体释放
C_1	中间事件	未佩戴个体防护装备
C_2	中间事件	所佩戴个体防护装备不满足需要
X_1	基本事件	安全意识欠缺
X_2	基本事件	缺少分析仪器
X_3	基本事件	分析仪器故障
X_4	基本事件	分析操作失误
X_5	基本事件	没有通风设施或通风设施能力不足
X_6	基本事件	人员操作失误
X_7	基本事件	未配戴个体防护装备
X_8	基本事件	个体防护装备选择错误
X_9	基本事件	个体防护装备配置不当
X_{10}	基本事件	个体防护装备不完好

（2）故障树的最小割集及各基本事件结构重要度顺序求解

① 故障树的最小割集

由故障树可见，顶上事件：

$$T=ABC=(A_1+A_2)(B_1+B_2+B_3)(C_1+C_2)$$
$$=(X_1+X_2+X_3+X_4)(3X_1+X_5+2X_6)(X_1+X_7+X_8+X_9+X_{10})$$

利用布尔代数化简法，可以求得故障树的 25 个最小割集：$\{X_1\}$，$\{X_2, X_5, X_7\}$，$\{X_2, X_5, X_8\}$，$\{X_2, X_5, X_9\}$，$\{X_2, X_5, X_{10}\}$，$\{X_2, X_6, X_7\}$，$\{X_2, X_6, X_8\}$$\{X_2, X_6, X_9\}$，$\{X_2, X_6, X_{10}\}$，$\{X_3, X_5, X_7\}$，$\{X_3, X_5, X_8\}$，$\{X_3, X_5, X_9\}$，$\{X_3, X_5, X_{10}\}$，$\{X_3, X_6, X_7\}$，$\{X_3, X_6, X_8\}$，$\{X_3, X_6, X_9\}$，$\{X_3, X_6, X_{10}\}$，$\{X_4, X_5, X_7\}$，$\{X_4, X_5, X_8\}$，$\{X_4, X_5, X_9\}$，$\{X_4, X_5, X_{10}\}$，$\{X_4, X_6, X_7\}$，$\{X_4, X_6, X_8\}$，$\{X_4, X_6, X_9\}$，$\{X_4, X_6, X_{10}\}$。

说明顶上事件(中毒窒息事故)发生的路径有 25 个，任何一个最小割集所包含的基本事件同时发生，都会导致顶上事件的发生，可见，有限空间作业中毒窒息事故的风险很高。各基本事件在 25 个最小割集中出现的频率大小，反映了该事件在中毒窒息事故

中的重要程度。

② 用最小割集法求解各基本事件结构重要度顺序

判断各基本事件结构重要度大小，遵循以下原则：

——最小割（径）集中基本事件的数目不等时，基本事件数目较少的割（径）集中的事件的结构重要度较大。

——最小割（径）集中基本事件的数目相等时，重复出现次数越多的基本事件，其结构重要度就越大。

依据以上原则，可以得出各基本事件结构重要度大小顺序为：$I_\Phi(X_1)>I_\Phi(X_5)=I_\Phi(X_6)>I_\Phi(X_2)=I_\Phi(X_3)=I_\Phi(X_8)>I_\Phi(X_9)=I_\Phi(X_{10})$。

③ 故障树的最小径集

与最小割集相对，故障树最小径集有3个：$\{X_1, X_2, X_3, X_4\}$，$\{X_1, X_5, X_6\}$，$\{X_1, X_7, X_8, X_9, X_{10}\}$。

其中，任何一组最小径集包含的基本事件都不发生，顶上事件就不会发生。

④ 用最小径集法求解各基本事件结构重要度顺序

用最小径集法，可以得出各基本事件结构重要度大小顺序：

$I_\Phi(X_1)>I_\Phi(X_5)=I_\Phi(X_6)>I_\Phi(X_2)=I_\Phi(X_3)=I_\Phi(X_4)>I_\Phi(X_7)=I_\Phi(X_8)=I_\Phi(X_9)=I_\Phi(X_{10})$，与用最小割集法求得的结构重要度大小顺序一致。

（3）有限空间作业中毒窒息风险控制措施

对于有限空间作业中毒窒息事故，通过故障树分析，可以看出：

首先，基本事件 X_1（安全意识欠缺）的结构重要度最大，应作为主要风险因素，给予足够重视。因此，应强化对员工的安全培训教育，加强对有限空间作业中毒窒息典型事故案例和有关标准规范、操作规程的学习，切实增强作业人员的安全意识和安全素质。

其次，X_5（没有通风设施或通风设施能力不足）和 X_6（人员操作失误）的结构重要度较大。有限空间作业前，应先进行通风置换，确保其中有毒气体含量不超标，氧含量符合要求，因此，应保证在作业现场配备有强制通风设施，且通风能力满足要求。人员操作失误，主要包括与有限空间相连的管道、阀门等未有效隔绝，以及有限空间未清理干净，残余物料中有毒或窒息性气体释放。因此，应加强操作人员的安全培训，有限空间作业前应严格检查确认，防止因操作失误导致事故发生。

再次，X_2（缺少分析检测仪器）、X_3（分析检测仪器故障）和 X_4（分析操作失误）的结构重要度也较大。因此，应配置合格的分析检测仪器设备并加强维护，避免因仪器故障导致检测结果错误；同时，应严谨认真分析操作，避免分析检测失误。

此外，还应该注意 X_7（未配备个体防护装备）、X_8（个体防护装备选择错误）、X_9（个体防护装备配置不当）和 X_{10}（个体防护装备不完好）等基本事件，应根据本单位各类有限空间作业的危险因素和危险介质，合理配置个体防护装备，并加强日常检查维护，确保完好备用；有限空间作业前，应分析本次作业的具体危险因素，选择合适的防护装备，并能够正确穿戴使用。

二、安全技术服务要点

（一）安全技术服务通用部分

协助指导生产经营单位建立有限空间管理台账，悬挂风险管控告示牌，张贴安全警示标志，配置通风、检测、防护及救援装备等，组织开展专业培训，完善应急救援预案并指导现场演练，安全技术服务指导团队针对不同行业开展有限空间技术服务工作时，应从形式、内容、程序、方式方法等方面开展，具体情况应涵盖但不限于以下方面：

1. 制度体系与台账管理

（1）制度体系方面。指导生产经营单位完善有限空间作业风险辨识管控、作业审批、承发包管理、教育培训、现场作业管理、应急处置等安全管理制度与岗位操作规程，明确本单位有限空间作业负责人、安全管理人员、监护人员、作业人员、外协承包单位等各方的安全职责。

（2）资料台账方面。指导生产经营单位建立有限空间辨识台账、作业审批台账、应急物资台账等，依据危险因素的种类、参数、特性来评定风险等级，制定相应的管控措施并建立管理台账。单位的生产工艺、设施设备等发生变化时台账的更新情况。

2. 员工培训及能力提升

（1）日常员工培训方面。生产经营单位结合实际情况，培训内容应涵盖有限空间的识别方法、类型和存在的危险因素；详细讲解有限空间作业的程序及操作规程；教授有关设备、检测仪器以及劳动防护用品的正确使用与日常检查、维护方法；同时，还应包含在紧急情况下的应急处置措施等内容。

（2）关键人员培训方面。对有限空间作业负责人、监护人员、作业人员进行专项安全培训，内容包括：有限空间作业安全管理制度、操作规程、应急预案、危险有害因素和安全防范措施等。

3. 安全措施实施

（1）装备配置方面。按照国家及行业标准要求，配备有限空间作业所需的通风、检测、照明、通信、应急救援等作业设备以及个人防护用品。针对存在中毒、窒息、燃爆等风险的单位，应重点关注是否配备空气呼吸装置或呼吸防护用品，并定期进行检测与维护，以确保其可随时正常使用。

（2）风险告知方面。在有限空间作业场所或设备附近，是否悬挂风险管控告知牌，内容是否包括有限空间名称、编号、主要危险有害因素、作业安全注意事项、应急措施、救援电话等信息。

（3）安全警示标志方面。在有限空间的出入口、关键部位以及有关设施设备上，是否张贴显著、清晰、规范的安全警示标志，如："当心有限空间""禁止入内""必须戴防毒面具""必须通风"。警示牌应载明有限空间的名称、编号、危险因素及管控措施、管理责任人、应急装备和器材、禁止事项等信息。

4. 作业审批管理

作业前需明确现场负责人、监护人员及作业人员，以及其各自安全职责。严格落实先审批后作业的相关规定，拟定专门的作业方案，经相关技术人员及单位负责人审批同意，并开展技术和安全交底工作后方可进行作业。

5. 现场确认和过程监护

（1）现场确认内容。在作业现场周围采取隔离措施，设置醒目的警示标志。执行完成清洗、清空或置换、通风、检测等，合格后方可开始作业。

（2）作业过程管控。是否落实"三不进入"要求(无审批表不进入，监护人不在场不进入，安全措施不落实不进入)。作业期间是否对有限空间作业进行实时检测，作业全程持续通风，通风时严禁采用纯氧通风换气，使用的电气设备是否符合有关用电安全技术规程的要求，照明和手持电动工具是否采用安全电压。作业结束后，现场人员应对作业人员、设备设施等进行清点，并对现场进行清理。

6. 作业个体防护

（1）加强作业防护。作业人员应依照作业环境，精确选用并佩戴符合标准的个人防护用品与安全防护装备，同时要保证能够正确使用。针对存在中毒窒息风险的作业，必须强化个体防护手段，采用隔绝式空气呼吸防护用品。对于风险等级较高的作业区域，应积极倡导采用替代措施，推进外部控制或者机器人作业等技术，防止作业人员直接进入。

（2）规范设备使用。在存在易燃易爆风险的有限空间内，作业人员必须穿着防静电工作服和防静电工作鞋，并使用防爆工具。在垂直区域有限空间内开展作业时，必须佩戴安全带并设置救生绳、救援三脚架等救援器材装备。在排污管道、隧道、涵洞、电缆沟等由于作业环境限制而不易充分通风换气的场所内作业，必须佩戴符合标准的隔绝式空气呼吸防护用品。

7. 应急预案和演练

作业单位应结合日常的工作环境以及存在的安全风险，进一步健全和完善应急预案或现场处置方案(应急处置卡)，围绕可能出现的事故特征、应急处置程序、救援人员职责、救援设备器材等方面内容，定期进行应急演练。同时，生产经营单位宜在作业前组织相关单位展开一次全面的应急演练工作。

8. 单位自救互救

在有限空间作业过程中，现场负责人必须负责全过程的组织指挥，监护人员必须监督作业方案的执行情况，始终与作业人员保持联系。一旦发现有人员身体不适、有毒有害气体浓度超过限值等情况，须即刻停止作业并撤离所有人员。在发生有限空间作业险情后，现场负责人要根据实际情况实施科学救援，杜绝盲目救援行为。

（二）重点行业有限空间管理

1. 矿山类

煤矿有限空间较多存在于机电运输、检修维护等辅助环节。常见有限空间分布有密闭设备(罐笼、箕斗、吊桶、定量斗、储罐、冷藏箱、压力容器、管道、烟道、电梯井、锅炉和除尘器等)，地下有限空间(井下硐室、煤仓、卸载坑、罐窝、溜矸(煤)眼、水仓及小井、风道、暗涵和污水池等)，地上有限空间(储煤仓、矸石仓、沉淀泥浆池、储藏室、蓄水池、垃圾站和冷库等)。

根据煤矿有限空间事故的特点，重点关注以下方面：

(1) 针对煤矿复杂性特点，重点服务矿井有毒有害监测系统、应急救援装备和照明、通风、通信等设施配置。

(2) 针对煤矿事故具有继发性的特点，重点服务矿井作业现场监护，救援人员对有限空间安全知识掌握情况、救援装备配备、施救措施科学性等方面。

2. 化工类

化工行业有限空间多存在于反应器、塔、釜、槽、罐、炉膛、锅筒、管道以及地下室、窨井、坑(池)、下水道或其他封闭、半封闭场所。作业现场一般温度较高，导致作业人员体能消耗较大，易疲劳、易出汗，易发生触电事故；有些容器内留有酸、碱、毒、尘、烟等介质，具有一定危险性，稍有疏忽就可能发生火灾、爆炸和中毒事故，而且一旦发生事故，较难进行施救。

根据化工行业有限空间事故的特点，重点关注以下方面：

(1) 针对化工行业有限空间事故有毒、易燃、易爆特点，重点服务有限空间场所置换、吹扫、蒸煮，是否残留或逸出有毒、可燃气体；作业人员佩戴使用个体防护装备等。

(2) 针对有限空间置换隔离措施，重点检查有限空间作业设备与系统中存在有毒有害介质的设备、管道安全隔离情况，对冲洗、置换过程中存在忌水性物质，如氯磺酸、三氧化磷、发烟硫酸等，则不能使用含水的清洁剂进行冲洗置换。

(3) 针对用电安全，重点检查作业所使用的照明、电动工具是否在安全电压范围内。干燥的罐内安全电压应小于或等于 36V，潮湿环境或密闭较好的容器内，安全电压应小于或等于 12V。若有可燃性物质存在或在防爆区域内作业，还应符合防爆要求，电动工具应有可靠接地，严防漏电现象发生。

(4) 针对有限空间现场作业防爆工具，重点服务单位防爆工具的配备使用情况。对一些受撞击的或遇到火花即发生火灾爆炸的易于附着罐壁的物质(如硝酸铵)，切忌使用铁制器具，须使用铜铲、铜刷器具将其从罐内壁铲除。

3. 工贸类

工贸行业中，各类炉窑、料仓、储罐、锅炉、地坑、污水处理池(井)、管井(廊)等有限空间内作业，管理稍有不慎，极易导致火灾、爆炸、中毒、窒息等人身伤害事故。

(1) 针对工贸行业有限空间管理人员安全基础知识薄弱，重点服务有限空间风险识别的准确性、全面性。

(2) 针对应急装备配备不规范，重点检查个体防护器具、检测报警设施和应急装备配备是否到位。

(3) 针对作业人员个人呼吸防护重视程度不够，重点服务员工安全意识提升，有限空间风险识别，个体防护装备使用操作，杜绝盲目施救。

4. 市政污水处理企业

市政有限空间广泛分布在城市公共系统中，作为市政设施、地下工程等公共基础设施的重要组成部分。常见作业类型包括隧道、热力井、地下管廊、电力井、雨污水井、施工竖井、电信井、集水井、燃气井、污水池、化粪池和沼气池等。

(1) 针对市政有限空间作业行业门槛低、人员流动性大、素质偏低、老龄化凸显等特点，重点服务有限空间单位承包商管理。

(2) 针对从业人员安全意识不强，自救互救能力较差的特点，重点检查作业人员培训开展情况，作业人员安全意识，应急能力等情况。

(3) 针对有限空间作业环境比较复杂、多变，点多面广，事故发生呈现季节性特征，重点在高温时段开展技术服务。

5. 农业领域

畜牧养殖企业粪污处理一般采用“粪便堆肥+污水处理系统”或“粪污能源化利用”工艺，甲烷、硫化氢等气体易在化粪池、环保处理设施等部位集聚。

(1) 针对中小型养殖企业、农户安全管理制度不落实，从业人员安全意识不高等特点，重点服务作业人员安全意识、应急能力等情况。

(2) 针对监测防护设备配备不足的特点，重点服务个体防护配备、使用操作等情况。

三、有限空间作业常见问题

(一) 主要人员职责落实

1. 规章要求

生产经营单位主要负责人是安全生产第一责任人，应对本单位有限空间作业安全全面负责。掌握有限空间数量，熟悉防范措施，组织制定管理制度，编写教育培训计划，制定现场处置方案，保障安全投入。

监护人员是有限空间作业安全的“关键人”和“明白人”，其职责贯穿有限空间作业全过程。通过发挥监护人员的专业作用，在规范作业程序、有效预防事故，特别是防止伤亡扩大方面起到关键作用。

2. 服务方式方法

（1）查阅资料

① 主要负责人是否组织制定有限空间作业安全管理制度。

② 生产经营单位是否明确专职或者兼职的有限空间作业监护人员。

（2）沟通交流

① 与主要负责人沟通，了解其对有限空间作业安全风险认知和管控情况，以及监护人员配备情况。

② 与监护人员沟通，了解其对有限空间作业安全知识、防护设备操作技能掌握以及职责落实情况。

③ 与作业人员沟通，了解单位主要负责人、监护人员履行安全生产职责的情况。

3. 常见问题举例

生产经营单位主要负责人存在问题：对有限空间作业风险认识不到位，安全防范措施了解不全面，未依法履行有限空间作业安全管理职责，对同行业有限空间作业事故不够了解。

监护人员存在问题：生产经营单位未明确专职或兼职的监护人员，不具备与监督有限空间作业相适应的安全知识和应急处置能力，不能熟练使用气体检测、安全带、正压式空气呼吸器等用品、装备，岗位职责要求不清，责任落实不到位。

常见问题如图 5-6 所示。

(a)单位责任人不清楚位置

(b)监护人员不会使用应急装备

图 5-6　有限空间作业常见问题(一)

（二）有限空间作业安全管理制度

1. 规章要求

生产经营单位应当制定有限空间作业安全管理制度，明确有限空间作业审批人、监护人员、作业人员的职责，以及安全培训、作业审批、防护用品、应急救援装备、操作规程和应急处置等方面的要求。

2. 服务方式方法

（1）查阅资料

① 生产经营单位是否制定有限空间作业安全管理制度。

② 有限空间作业安全管理制度是否全面，是否符合单位实际，具备科学性、针对性和可操作性。

（2）沟通交流

与有限空间作业相关人员沟通，了解其是否掌握有限空间作业安全管理制度。

3. 常见问题举例

制度模板化严重、照抄照搬、不能指导实际工作，制度只是应付检查，未进行宣贯落实，有限空间定义未更新，缺少审批人等有关人员安全职责、安全培训等，未明确作业中持续通风检测要求。常见问题如图 5-7 所示。

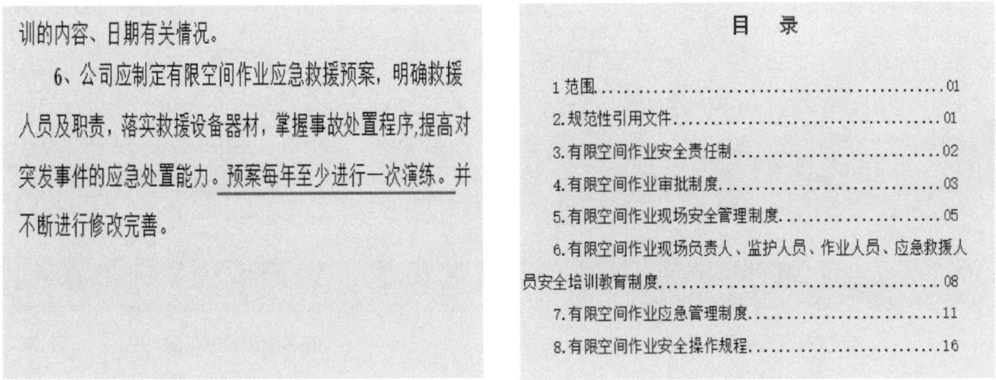
训的内容、日期有关情况。

6、公司应制定有限空间作业应急救援预案，明确救援人员及职责，落实救援设备器材，掌握事故处置程序,提高对突发事件的应急处置能力。预案每年至少进行一次演练。并不断进行修改完善。

目 录

1 范围……01
2.规范性引用文件……01
3.有限空间作业安全责任制……02
4.有限空间作业审批制度……03
5.有限空间作业现场安全管理制度……05
6.有限空间作业现场负责人、监护人员、作业人员、应急救援人员安全培训教育制度……08
7.有限空间作业应急管理制度……11
8.有限空间作业安全操作规程……16

(a)应急演练频次不满足要求　　(b)缺少人员职责

图 5-7　有限空间作业常见问题(二)

（三）有限空间管理台账和安全警示标志

1. 规章要求

生产经营单位应当对有限空间进行辨识，建立有限空间管理台账，明确有限空间数量、位置以及危险因素等信息，并及时更新。有限空间出入口等醒目位置应当设置明显的安全警示标志，应在具备条件的场所设置安全风险告知牌。

2. 服务方式方法

（1）查阅资料

① 生产经营单位是否建立有限空间管理台账。

② 台账是否符合单位实际情况，完整、准确。

③ 存在硫化氢、一氧化碳、二氧化碳等中毒和窒息风险的有限空间是否纳入台账。

（2）现场查看

① 现场抽查存在硫化氢、一氧化碳、二氧化碳等中毒和窒息风险的有限空间，核查是否纳入台账。

② 有限空间出入口处等醒目位置是否设置明显的安全警示标志。

③ 具备条件的场所是否设置安全风险告知牌。

3. 常见问题举例

有限空间管理台账不完善，风险辨识不全面、不准确，风险管控措施针对性不强，有限空间台账目录名称与现场实际不对应；安全警示标志设置不规范、未设置有限空间安全警示标志，安全风险告知牌内容存在错误、未在有限空间出入口等醒目位置设置。常见问题如图 5-8所示。

10	厌氧塔	2-2	污水站	高空危险、有毒有害气体中毒、溺水
11	储水池	3-1	污水站新厌氧塔东侧圆池	高空危险、有毒有害气体中毒、溺水
12	储水池	3-2	污水站白水塔东侧长方池	高空危险、有毒有害气体中毒、溺水
13	储水池	3-3	污水站老厌氧塔东南角圆池	高空危险、有毒有害气体中毒、溺水
14	储水池	3-4	南成品库南侧	水深危险
15	储水池	3-5	污水站东南角圆池	水深危险

(a)出入口未设置标识牌　　(b)风险辨识不全面

图 5-8　有限空间作业常见问题(三)

(四) 有限空间作业安全培训

1. 规章要求

生产经营单位应当每年至少组织一次有限空间作业专题安全培训。应对作业审批人、监护人员、作业人员和应急救援人员培训有限空间作业安全知识和技能，并如实记录(培训内容应至少包括有限空间作业危险因素和安全防范措施、有限空间作业安全操作规程、防护用品和应急装备的正确使用、紧急情况下的应急处置措施等)。未经培训合格不得参与有限空间作业。

2. 服务方式方法

（1）查阅资料

① 生产经营单位是否每年至少组织一次有限空间作业专题安全培训。

② 培训内容是否具有针对性，培训范围是否覆盖作业审批人、监护人员、作业人员。

③ 以上人员是否培训合格。

（2）沟通交流

与作业审批人、监护人员、作业人员等相关人员沟通，了解其参加培训情况，以及对有限空间作业安全风险、作业程序、防范措施掌握情况和防护装备使用情况。

3. 常见问题举例

未明确每年至少组织一次有限空间作业专题安全培训，培训记录缺少培训课件，培训内容不全面，部分作业审批人、监护人员、作业人员未参加培训，未如实记录教育培训情况，未判卷直接给分，多数人得满分，得分高的人员未掌握有限空间知识和能力。常见问题如图 5-9所示。

有限空间作业人员包括：有限空间作业现场负责人、监护人员、作业人员、应急救援人员。

3.2 人力行政部负责有限空间作业相关人员的培训统计和通知工作。

4 工作程序

4.1 有限空间作业安全培训的对象为：现场负责人、监护人员、作业人员应急救援人员。

4.2 未经有限空间作业安全培训并考试合格的人员，不得从事与有限空间相关的作业。

4.3 相关人员的培训记录存入有限空间作业安全培训档案。

4.4 培训要求

4.4.1定期对有限空间作业现场负责人、监护人员、作业人员、应急救援人员进行专项安全培训。

4.4.2授课人员应为公司的专业人员及有实际工作经验的技术人员、工人师傅等。

4.4.3各有限空间作业部门要不定期地组织有限空间作业人员进行培训学习，人力行政部可将此项培训纳入部门内部培训。

4.5 培训内容

(a)未明确年度培训次数

《有限空间作业相关知识要点》培训学习签到表

时间 2024-01(公司高管、部门主管)

单位名称	[redacted]纸业《有限空间作业相关知识要点》			
时间	2024 05 01		授课人	[redacted]峰
地点	公司会议室		培训方式	讲解
培训内容	1.培训内容详见[redacted]有限公司《有限空间作业相关知识要点》。 上述培训内容依据下列相关法规、文件，结合我公司实际情况制定： 《[redacted]空间重点监管目录》 《[redacted]间作业安全管理办法(暂行)》 《关于进一步加强有限空间作业安全管理的十条措施》 《工贸企业受限空间作业安全技术规范》(DB33/T 707—2022) 《有限空间作业安全指导手册》4个专题系列折页 2培训对象按照《有限空间作业相关知识要点》内容要求逐条对照进行；			
参会人员签到	职务	姓名	职务	姓名
	副总经理	[redacted]	污水站主管	[redacted]
	作业现场负责人		电器维修主管	
	作业现场监护人		设备维修主管	
	2400 车间主任		设备维修主管	
	3800 车间主任		综合办公室	
	制装车间主任			
备注				

(b)部分重点人员未培训

图 5-9 有限空间作业常见问题(四)

(五) 有限空间物理隔离措施

1. 规章要求

生产经营单位应当对可能产生有毒物质的有限空间采取上锁、隔离栏、防护网或者其他物理隔离措施，防止人员未经审批进入。监护人员负责在作业前解除物理隔离措施。

2. 服务方式方法

（1）现场查看

可能产生有毒物质的有限空间是否采取上锁、隔离栏、防护网或者其他物理隔离措施。

（2）沟通交流

与监护人员、作业人员等相关人员沟通，了解是否由监护人员在作业前解除物理隔离措施。

3. 常见问题举例

部分可能产生有毒物质的有限空间未采取上锁、隔离栏、防护网或者其他物理隔离措施。常见问题如图 5-10 所示。

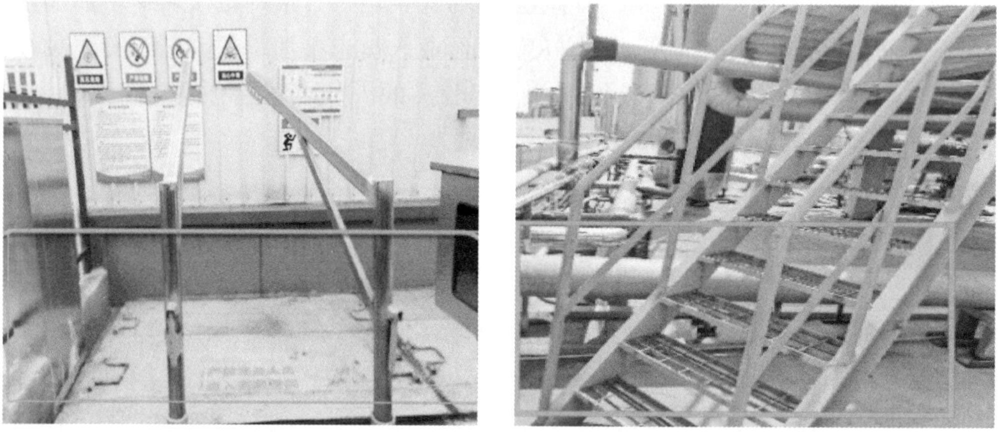

(a)未采取隔离栏　　(b)未采取上锁隔离

图 5-10　有限空间作业常见问题(五)

（六）有限空间作业审批

1. 规章要求

生产经营单位应当根据有限空间作业安全风险大小，明确审批要求。对于存在硫化氢、一氧化碳、二氧化碳等中毒和窒息等风险的有限空间作业，应当由单位主要负责人或者其书面委托的人员进行审批，委托进行审批的，相关责任仍由单位主要负责人承担。

未经生产经营单位确定的作业审批人批准，不得实施有限空间作业。

有限空间作业审批表应至少包括有限空间名称、作业单位名称、作业内容、作业时间、可能存在的危险因素、作业相关人员、主要安全防护措施、作业负责人和监护人员意见及签字项、审批责任人意见及签字项等内容。

2. 服务方式方法

（1）查阅资料

① 作业审批表中，作业审批人是否符合规章要求。（对于存在硫化氢、一氧化碳、

二氧化碳等中毒和窒息等风险的有限空间作业，是否由生产经营单位主要负责人或者其书面委托的人员进行审批。)

② 审批流程是否符合单位审批制度要求。

③ 作业审批表是否填写完整，是否明确监护人员等相关人员，危险因素辨识是否准确，风险管控措施是否符合实际。

(2) 沟通交流

与作业审批人、监护人员等相关人员沟通，了解其对审批要求的掌握和落实情况。

3. 常见问题举例

审批流程与单位实际情况不符。审批过程有流于形式的现象，审批表填写不规范。主要危害因素未明确具体的中毒物质或辨识不全面。常见问题如图 5-11 所示。

第三部分 属地负责人及安全中心填写部分

项目	计划采取的措施		确认（符合√ 不符合 ×）	
安全措施确认	确认第二部分的计划采取的措施满足作业区域安全管理的要求			
	确认作业区域的安全环境条件满足危险作业的措施要求			
	对危险作业的时间段进行确认，避免与生产存在交叉作业的风险			
其他安全措施	审批流程与企业实际不符			
作业区域责任部门签批栏				
主管/车间主任		经理/厂长		总监
安全中心签批栏				
安全员		安全经理		
签批日期		签批日期		

(a)审批流程与实际不相符

1. ●表示需要车间主任/主管级及以上的岗位人员进行
2. ▲表示业务负责人，属地负责人需要逐级签批至总监

作业时间	年 月	
存在的风险	□窒息风险 □中毒风险	
存在的气体类型	□一氧化碳 □硫化氢 □氧气 □可燃气	
作业申请人签字确认	无燃爆以及其他风险选项	填写日期

第二部分 业务负责人填写部分

项目	计划采取的措施
作业人员要求	作业人员年龄不应超过50岁，经诊断患高血压等职业禁忌
	作业应遵守“先通风、再检测、后作业”的原则

(b)审批表危险因素不全面

图 5-11 有限空间作业常见问题(六)

(七) 现场条件确认和全程监护

1. 规章要求

有限空间作业应当严格遵守“先通风、再检测、后作业”要求。存在爆炸风险的，应当采取消除或者控制措施，相关电气设施设备、照明灯具、应急救援装备等应当符合防爆安全要求。

作业前，应当组织对作业人员进行安全交底，监护人员应当对通风、检测和必要的隔断、清除、置换等风险管控措施逐项进行检查，确认防护用品能够正常使用且作业现场配备必要的应急救援装备，确保各项作业条件符合安全要求。有专业救援队伍的单位，应急救援人员应当做好应急救援准备，确保及时有效处置突发情况。

2. 服务方式方法

（1）查阅资料

① 通过作业记录，核查是否对作业人员进行安全交底。

② 监护人员是否对风险管控措施逐项进行确认。

③ 是否有作业前和作业过程中的气体检测记录，记录填写是否完整、规范。

（2）沟通交流

① 与监护人员交流，了解其在实施有限空间作业时对风险管控措施的检查、确认，以及全程监护等职责的落实情况。

② 与作业人员交流，了解作业前是否接受过安全交底，作业现场是否配备防护用品和必要的应急救援装备，监护人员是否落实各项风险管控措施并全程监护，作业过程中是否持续通风和气体检测等。

3. 常见问题举例

风险管控措施确认不规范。作业前监护人未对风险管控措施进行确认；风险管控措施确认人不是监护人；风险管控措施不符合单位实际。

气体检测不规范。气体浓度合格范围存在错误；未体现检测点具体位置以及作业前和作业过程中的检测记录；缺少一氧化碳、可燃气体的检测数据；采用扩散式气体检测仪进行作业前的检测。常见问题如图 5-12 所示。

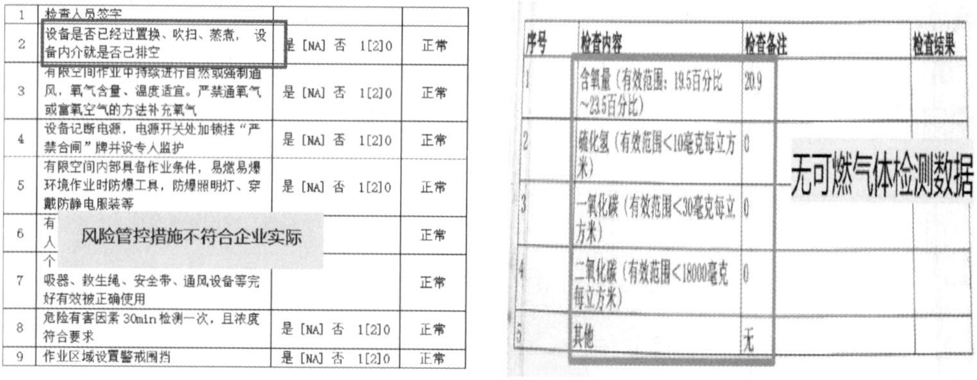

1	检查人员签字		
2	设备是否已经过置换、吹扫、蒸煮，设备内介就是否已排空	是 [NA] 否 1[2]0	正常
3	有限空间作业中持续进行自然或强制通风，氧气含量、温度适宜。严禁通氧气或富氧空气的方法补充氧气	是 [NA] 否 1[2]0	正常
4	设备记断电源，电源开关处加锁挂“严禁合闸”牌并设专人监护	是 [NA] 否 1[2]0	正常
5	有限空间内部具备作业条件，易燃易爆环境作业时防爆工具，防爆照明灯、穿戴防静电服装等	是 [NA] 否 1[2]0	正常
6	有……人……		正常
7	个……吸器、救生绳、安全带、通风设备等完好有效被正确使用		正常
8	危险有害因素 30min 检测一次，且浓度符合要求	是 [NA] 否 1[2]0	正常
9	作业区域设置警戒围挡	是 [NA] 否 1[2]0	正常

(a)风险管控措施确认不规范

序号	检查内容	检查备注	检查结果
1	含氧量（有效范围：19.5百分比~23.5百分比）	20.9	
2	硫化氢（有效范围<10毫克每立方米）	0	
3	一氧化碳（有效范围<30毫克每立方米）	0	
4	二氧化碳（有效范围<18000毫克每立方米）	0	
5	其他	无	

(b)无可燃气体检测数据

图 5-12　有限空间作业常见问题(七)

（八）防护和应急装备配备与使用

1. 规章要求

生产经营单位应当根据有限空间危险因素的特点，配备符合国家标准或者行业标准的气体检测报警仪器、机械通风设备、呼吸防护用品、全身式安全带等防护用品和应急救援装备，并对相关用品、装备进行经常性维护、保养和定期检测，确保能够正常使用。

2. 服务方式方法

现场查看：

（1）生产经营单位是否配备符合国家标准或者行业标准的气体检测报警仪器、机械通风设备、呼吸防护用品、全身式安全带等防护用品和应急救援装备。

（2）防护用品和应急救援装备是否能够正常使用，气瓶、气体检测报警仪是否定期检验、检定或校准等。

（3）监护人员、作业人员、救援人员是否能正确佩戴和使用防护用品及应急救援装备。

3. 常见问题举例

未配备泵吸式气体检测报警仪。设备缺乏维护保养，不能正常使用，应急设备不符合国标要求。气体检测报警仪的报警值错误，零值不准确。安全带选型错误，使用超过规定年限。相关人员不能正确使用正压式空气呼吸器等应急装备。未进行经常性维护、保养和定期检测。常见问题如图 5-13 所示。

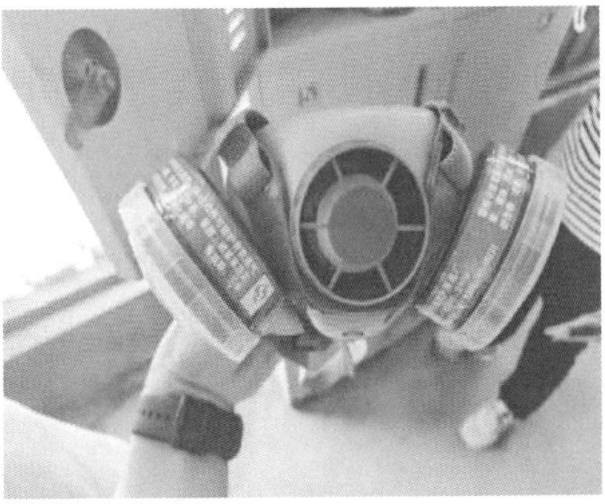

(a)过滤式防毒面罩错误选配

(b)安全带选型不合适

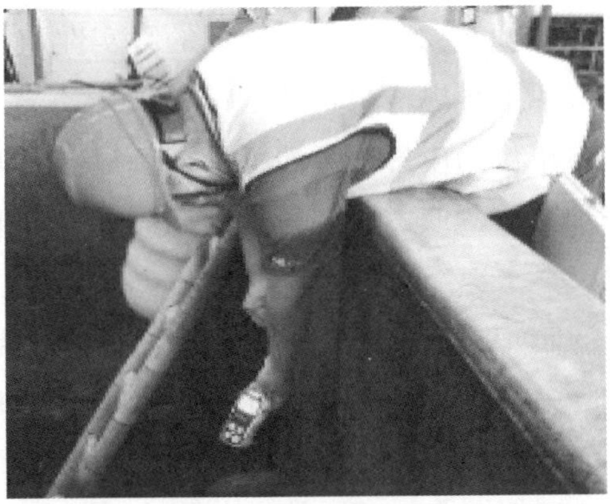

(c)未配备泵吸式气体检测器

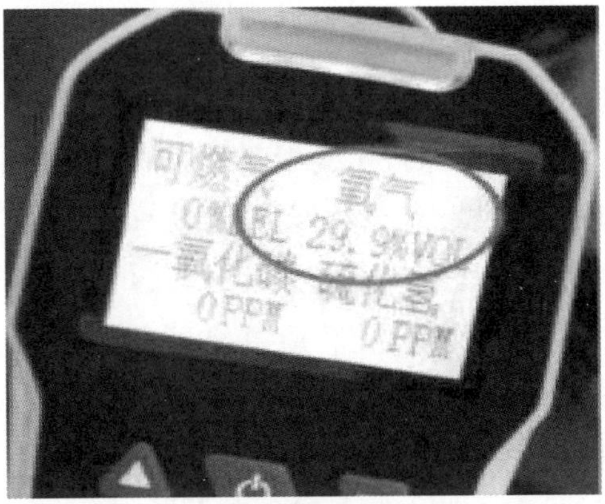

(d)氧气零值不准

图 5-13 有限空间作业常见问题(八)

（九）承包单位安全管理

1. 规章要求

生产经营单位将有限空间作业依法发包给其他单位实施的，应当与承包单位在合同或者协议中约定各自的安全生产管理职责。生产经营单位对其发包的有限空间作业统一协调、管理，并对现场作业进行安全检查，督促承包单位有效落实各项安全措施。

发包单位应加强对承包单位的有限空间作业管理，严禁以包代管，一包了之。

发包单位应审查承包单位的有限空间作业安全生产条件。发包单位应与承包单位签订专门的安全生产管理协议，或在承包合同中明确各自的安全生产职责。

发包单位应对其发包的有限空间作业统一协调、管理，对现场作业进行安全检查，督促承包单位有效落实各项安全措施。

2. 服务方式方法

通过查阅资料了解以下信息：

（1）生产经营单位是否与有限空间作业承包单位签订专门的安全生产管理协议或在承包合同中明确各自的安全生产管理职责。

（2）生产经营单位是否对其发包的有限空间作业统一协调、管理，并对现场作业进行安全检查。

3. 常见问题举例

发包单位对承包单位的有限空间作业安全生产条件及审核不全面。签订的合同或安全管理协议未覆盖常态下的有限空间作业安全和紧急情况下的应急处置职责分工或覆盖不全。常见问题如图 5-14 所示。

（十）应急预案与演练

1. 规章要求

《生产安全事故应急预案管理办法》（应急管理部令第 2 号）第五条规定，生产经营单位主要负责人负责组织编制和实施本单位的应急预案，并对应急预案的真实性和实用性负责；各分管负责人应当按照职责分工落实应急预案规定的职责。

第三十三条规定，生产经营单位应当制定本单位的应急预案演练计划，根据本单位的事故风险特点，每年至少组织一次综合应急预案演练或者专项应急预案演练，每半年至少组织一次现场处置方案演练。

第三十四条规定，应急预案演练结束后，应急预案演练组织单位应当对应急预案演练效果进行评估，撰写应急预案演练评估报告，分析存在的问题，并对应急预案提出修订意见。

《工贸企业有限空间作业安全规定》（应急管理部令第 13 号）第十条规定，工贸企业应当制定有限空间作业现场处置方案，按规定组织演练，并进行演练效果评估。

协议内容：

1. 发包单位与承包单位双方必须认真贯彻国家和上级劳动保护、安全生产主管部门颁发的有关安全生产、……动保护法规、条例、规定。

2. 发包单位与承……抓安全生产的领导，各级专职和兼职的安全干部；也有各工种的安全操作规程，特种作业工人的审证考核制度及各级安全生产岗位责任制和定期安全检查制度。

未涵盖紧急情况下的应急处置职责分工等要求

3. 发包单位与承包单位双方在施工前要认真勘查现场：（1）工程项目应由承包单位编制施工组织设计；（2）工程项目由承包单位按发包单位的要求自行编制施工组织设计，并制订有针对性的安全技术措施，承包单位必须严格按施工组织设计的要求施工。

4. 发包单位与承包单位双方的领导必须认真对本单位职工进行安全生产制度及安全技术知识教育，增强法制观念，提高职工的安全生产思想意识和自我保护的能力，督促职工自觉遵守安全纪律、制度法规。

5. 施工前，承包单位应组织召开管理、施工人员安全生产教育会议，并通知发包单位委派有关人员出席会议。介绍施工中有关安全防火等规章制度及要求，承包单位必须检查，督促施工人员严格遵守、认真执行。

6. 工程施工期间，承包单位施工单位指派同志负责本工程项目的有关安全、防火工作；发包单位指派人员负责联系、检查督促承包单位执行有关安全、防火规定，承发包双方应经常联系。相互协助检查和处理工程施工有关的安全、防火工作，共同预防事故发生。承包方在厂区进行动火作业、高处作业和有限空间等危险作业时，应到发包单位安全管理部门办理相应的审批手续，经同意后方可从事其作业。

7. 承包单位在施工期间必须严格执行和遵守发包单位的安全生产、防火管理的各项规定，接受发包单位的督促、检查和指导，发包单位有协助承包单位搞好安全生产、防火管理以及督促检查的义务，对于查出的隐患，承包单位必须限期整改。

8. 在生产操作过程中的个人安全防护用品，由各方自理，发包单位与承包单位都应督促施工现场人员自觉穿戴好安全防护用品。

9. 承包单位人员对所处的施工区域、作业环境、操作设施设备、工具用具等必须认真检查。

图 5-14 有限空间作业常见问题(九)

2. 服务方式方法

(1) 查阅资料

① 是否制定有限空间作业现场处置方案。

② 方案是否符合实际，具有科学性、针对性和可操作性。

③ 是否至少每半年组织 1 次有限空间作业事故应急演练，并进行演练效果评估。

(2) 现场查看

抽查生产经营单位开展应急演练，查看单位应急演练效果。

3. 常见问题举例

应急预案模板化、缺少针对性和可操作性。现场处置方案未根据具体有限空间场所制定。现场处置方案不符合《生产经营单位安全生产事故应急预案编制导则》的框架要求。应急演练与预案内容不一致，随意性强，流于形式，未取得实效。未进行演练效果评估。常见问题如图 5-15 所示。

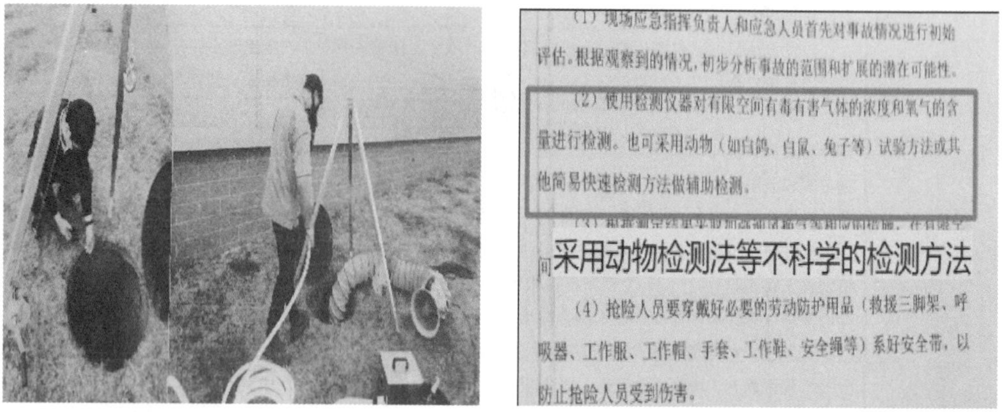

(a)演练人员未佩戴个人防护用品　　(b)现场处置方案采用不科学的检测方法

图 5-15　有限空间作业常见问题(十)

本节介绍了安全检查表法、风险指数矩阵法、故障树分析法等安全技术服务方法，阐述了不同行业有限空间安全技术服务的要点，列举了有限空间作业常见安全问题，对于进一步提升有限空间作业安全技术服务水平，发挥好预防、服务和科普宣传作用，助力企业有限空间作业安全，具有积极的推动意义。

第六章　有限空间作业事故应急救援

有限空间作业事故救援，往往环境复杂，风险多样，需要各种应急力量协同配合。本章重点阐述了有限空间作业事故自救互救基础知识、步骤和要点，杜绝盲目施救；重点介绍了现场救援行动要求和实操训练方法，结合救援程序列举了近年来不同行业领域典型有限空间作业事故救援案例，为生产经营单位应对有限空间作业突发事件和安全生产应急救援队伍开展事故救援提供参考。

第一节 单位自救互救

通过对近年来有限空间作业事故分析发现，事故呈现出中毒窒息占比高、涉及行业领域多、盲目施救问题突出等特点，超过65%的事故由于盲目施救导致伤亡人数增多，在有限空间作业事故致死人员中超过50%为施救人员，易引起“一人遇险，多人遇难”的悲剧发生。在作业现场发生事故以后，如果能在第一时间采取科学、正确的现场急救方法，就可以降低遇险人员的死亡率，也可以减少受伤人员伤愈的后遗症。因此，相关作业人员都应该熟悉并掌握现场急救的简单方法，以便在事故发生后及时进行自救、互救。

一、自救互救基础知识

（一）定义

自救互救是指在医疗急救人员未到达前，个人或集体通过采取适当措施来保护自己和他人的安全与健康的行为。现场自救互救的基本措施以徒手心肺复苏为主，包括创伤救护的基本技能、意外伤害和突发急症的救护知识。

（二）基本原则

1. 安全第一

自救互救前，先观察环境，确保自身安全的前提下展开救援，严禁盲目施救。

2. “三先三后”

有限的资源，应优先救护重要或认为有效的受害人。救护时要做到“三先三后”，即先抢救生还者，后抢救已死亡者；先抢救伤势较重者，后抢救伤势较轻者；对于窒息或心跳、呼吸停止不久、出血和骨折的伤者，先复苏、止血和固定，然后搬运。

（三）自救互救方法

有限空间常见的自救互救方法包括心肺复苏术、伤员搬运等。

1. 心肺复苏术

对心跳、呼吸骤停采取的急救措施，简称心肺复苏术。对于心跳呼吸骤停的伤员，心肺复苏成功与否的关键是时间。在心跳呼吸骤停后4min之内开始正确的心肺复苏，8min内开始高级生命支持的伤员，生存希望大。心肺复苏强调胸外心脏按压，对未经培训的普通施救人员，鼓励在专业急救人员电话指导下仅做胸外心脏按压的心肺复苏。

（1）心肺复苏操作程序

① 判断。

轻拍受伤人员的双肩，并高声呼喊，判断受伤人员是否还有意识。急救人员在检查受伤人员的反应时，应同时快速检查呼吸，如果没有或不能正常呼吸（即无呼吸或仅仅是喘息）。则施救者应怀疑发生心脏骤停。心脏骤停后早期濒死喘息经常会与正常呼吸混淆，即使是受过培训的施救者单独检查脉搏也常不可靠，而且需要额外的时间。因此假如受伤人员无反应、没有呼吸或呼吸不正常，施救者应立即实施心肺复苏术。

② 高声呼救，寻求帮助。

应及时拨打医疗急救电话，寻求专业救护人员的救助。打电话求救时应说清以下几点：所在位置、呼救人员的电话、事件简要情况、受伤人数、伤员情况、正在进行的急救措施等。

若现场能够获取自动体外除颤仪（AED），应尽快获取并使用。在他人前往获取 AED 和准备 AED 的过程中，应实施心肺复苏，并根据受伤人员的情况，在设备可用后尽快除颤。

③ 将伤病员翻成仰卧姿势，放在坚硬的平面上，如图 6-1 所示。

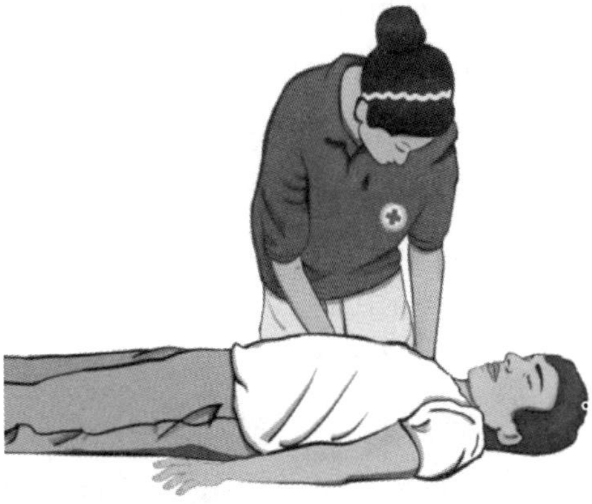

图 6-1　将伤病员翻成仰卧位

④ 胸外心脏按压。

按压部位：胸部两乳连接水平正中处。

按压方法：施救人员用一手中指沿伤病员一侧肋弓向上滑行至两侧肋弓交界处，食指、中指并拢排列，另一手掌根紧贴食指置于伤病员胸部，如图 6-2 所示。

施救人员双手掌根同向重叠，十指相扣，掌心翘起，手指离开胸壁，双臂伸直，上半身前倾，以膝关节为支点，垂直向下用力、有节奏地按压 30 次，如图 6-3 所示。

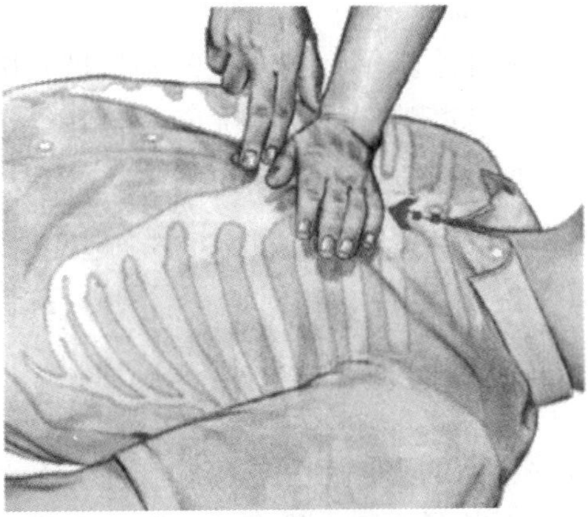

图 6-2　胸外按压位置判断

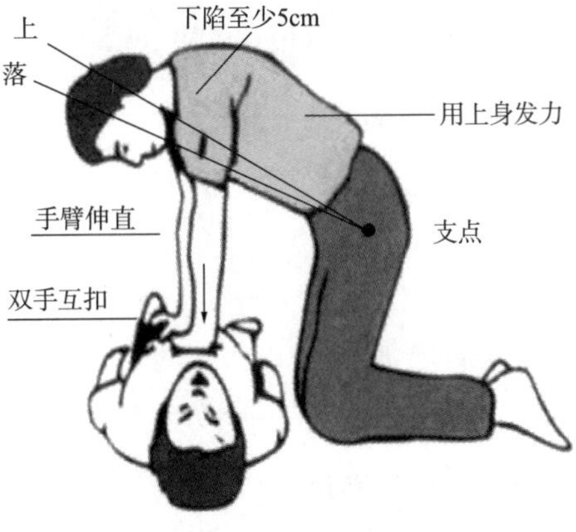

图 6-3　胸外按压方法

按压与放松的时间相等，下压深度至少 5cm，但不要超过 6cm。放松时保证胸壁完全回弹，按压频率以每分钟 100~120 次较为合理。同时胸外按压应最大限度地避免中断。

⑤ 清除口中异物，打开气道。

一般用抬头举颌法打开气道，使下颌角与耳垂连线垂直于地面 90°；怀疑外伤时，用托颌法。

⑥ 口对口人工呼吸。

根据现代急救科学理论，建议使用呼吸球对伤员进行人工呼吸，如情况紧急不具备条件，可选择使用口对口人工呼吸。施救人员将一只手的拇指、食指捏紧伤病员的鼻翼，吸一口气，用双唇包严伤病员口唇，缓慢持续将气体吹入。吹气时间为 1s 以上。观察病人胸廓有无起伏，吹气量 500~600mL，避免大潮气量和用强力，避免过度通气，呼吸频率为 10~12 次/min。

按压与通气之比为 30∶2，做 5 个循环后可以观察一下伤病员的呼吸和脉搏。在伤员被专业抢救者接管前，施救人员应持续实施心肺复苏术。

如果施救人员及周围旁观者没有经过心肺复苏术培训，可以提供只有胸外按压的心肺复苏术，即"用力按，快速按"，在胸部中心按压，直至伤员被专业抢救者接管；训练有素的救援人员，应至少为被救者提供胸外按压。

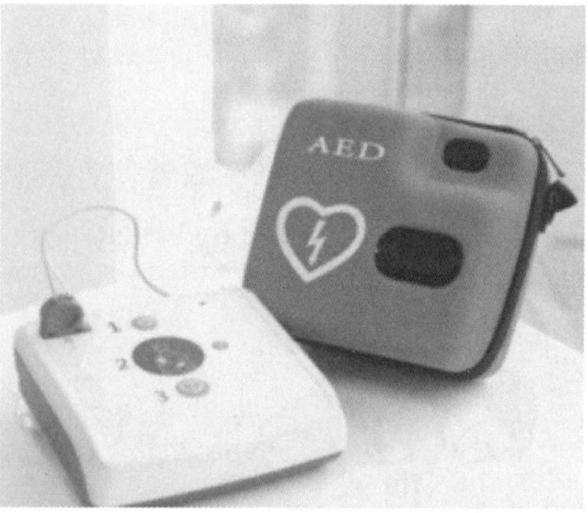

图 6-4　自动体外除颤仪

（2）心肺复苏有效的指征

① 伤病员面色、口唇由苍白、青紫变红润。

② 恢复自主呼吸及脉搏。

③ 眼球活动，手足抽动，呻吟。

（3）自动体外除颤仪的使用

自动体外除颤仪（AED）是一种便携式医疗设备，可以诊断特定的心律失常，并且给予电击除颤，是供非专业人员使用的用于抢救心源性猝死患者的医疗设备，如图 6-4 所示。

AED 的使用方法如下：

① 开启电源。

② 将电极贴片贴在受伤人员身上，插入电极片插头。应注意，应使受伤人员仰卧，解开衣物，完全暴露受伤人员的前胸部，擦去胸部表面的水，除去或移除胸前所有可移除的金属物体，如表链、徽章、饰物等。根据仪器上的示意图，将电极片贴在受伤人员的右上胸和左下胸处，如图 6-5 所示。电极正确连接后，AED 可自动分析心律，在此过程中不要接触受伤人员。分析完毕后，AED 将发出是否进行除颤的建议。需进行除颤

的，仪器提示开始充电。

③ 除颤。当 AED 发出除颤指令时，操作者和附近人群切勿与受伤人员接触。操作者按下“放电”或“除颤”按钮，进行除颤。应注意，AED 未到达现场和准备期间、AED 充电期间，应持续实施心肺复苏；除颤后应立即进行心肺复苏。受伤人员恢复呼吸和心跳后，不应取下电极片，直至医护人员到达现场接管受伤人员。

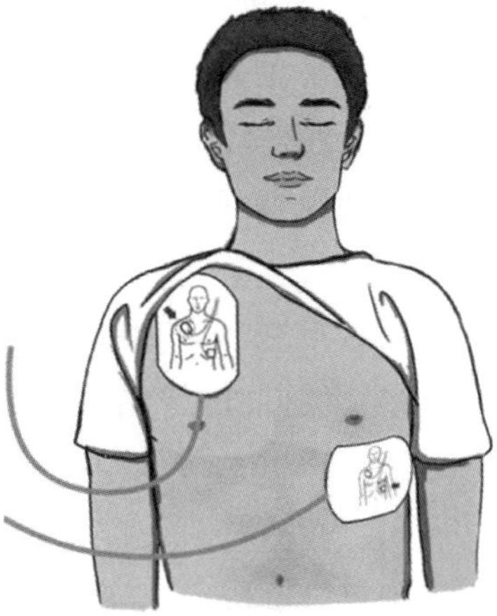

图 6-5 AED 电极片位置

2. 伤员搬运

搬运时应尽量做到不增加伤员的痛苦、避免造成新的损伤及合并症。

现场常用的搬运方法有担架搬运法、单人或双人徒手搬运法等。

(1) 担架搬运法

① 担架可用特制的担架，也可用绳索、衣服、毛毯等做成简易担架。

② 由 3~4 人合成一组，小心谨慎地将伤员移上担架。

③ 伤员头部在后，以便后面抬担架的人随时观察伤情的变化。

④ 抬担架时应尽量做到轻、稳、快。

⑤ 向高处抬时(如走上坡)，前面的人要放低，后面的人要抬高，以保持担架水平状，走下坡时则相反。

(2) 单人徒手搬运法

单人搬运法适用于伤势比较轻的伤病员，采取背、抱或扶持等方法。

(3) 双人徒手搬运法

双人搬运可一人搬托双下肢、一人搬托腰部。在不影响病伤的情况下，还可用椅式、轿式或拉车式。

二、自救互救步骤

(一) 自救

自救是在危险环境中依靠自身力量脱离险境的行为，步骤包括：

(1) 一旦发生紧急情况，应立即停止作业，撤离现场。

(2) 如无法撤离，保持冷静，寻找安全地点暂时避险。

(3) 如果能够与外界取得联系，应立即通过对讲机或报警装置报警，并说明自己的位置和状况。如无法直接报警，敲击物体制造噪声，向外界发出求救信号，等待救援。

（二）互救

互救是在有效自救的前提下救护别人的方法，步骤包括：

（1）评估环境。在救援前，必须对有限空间内部的环境进行全面评估，包括空间大小、通风情况、气体浓度、氧气含量、温度等。首先摸清被救者所处环境，如果是有毒有害气体环境，要正确选择合适的防毒用具；如果是酸或碱泄漏，要穿戴防护服、防护手套和防护鞋(靴)；如果毒源仍未切断，在设法抢救伤者的同时，要采取关闭阀门、加盲板、停车、停止送气、堵塞漏气设备等措施。切忌因盲目行动产生更严重的后果。

（2）伤员救助。搬运过程中要沉着、冷静，不要强拖硬拉，若已有骨折、出血或外伤，则要简单包扎、固定，避免搬运中造成二次伤害。

（3）初步救治。伤者被搬到空气新鲜处后，要按顺序检查，神志是否清醒，脉搏、心跳是否存在，呼吸是否停止，有无出血及骨折。如有心跳停止者，须就地进行心肺复苏术；如有呼吸停止，须就地进行人工呼吸；如果有出血和骨折，则须检查搬运前的处理是否有效，还须作哪些补充处理。

（4）详细检查。如果神志清醒，心跳、呼吸正常，则检查眼睛，如沾污有毒腐蚀性物质，则须就地冲洗，至少 20min 以上，并要使眼上、下穹窿冲洗彻底。最后检查皮肤，不要疏忽会阴部、腋窝等处。

（5）送往医院。经现场救护后，应尽快将伤病者送到医院，如有多名伤病者，则按先重后轻的原则转送医院。

三、自救互救要点

（一）个体防护

（1）在缺氧或有毒的有限空间救护时，应佩戴隔离式防护面具。

（2）在易燃易爆的有限空间救护时，应穿防静电服、防护鞋(靴)。

（3）在有酸碱等腐蚀性介质的有限空间救护时，应穿戴好耐酸碱防护服、防护鞋(靴)、防护手套等用品。

（4）进入特别狭小空间时，应当系安全可靠的保护绳，并利用保护绳与被困人员进行沟通疏导。

（二）现场报警

（1）作业现场负责人、监护人员寻求专业救护人员救助时，打电话求救应说清以下几点：所在位置、呼救人员的电话、事件简要情况、受伤人数、伤员情况、正在进行的急救措施等。

（2）作业现场负责人、监护人员根据救援需要设置警戒区域(包括通风排放口)，设立明显警示标志，严禁无关人员和车辆进入警戒区域。

（三）典型场景急救要点

1. 中毒急救

（1）当突然出现头晕、头痛、恶心、呕吐或无力等症状，应迅速屏住呼吸或佩戴防毒面具，脱离中毒环境。

（2）如无法自行脱离，应立即通过对讲机或报警装置向外界发出求救信号，等待救援。

（3）脱离中毒环境后，应保持中毒者呼吸道通畅。对于中毒后出现呼吸困难或昏迷的患者，应将头部偏向一侧，以防止呕吐物或分泌物堵塞呼吸道。必要时，可实施人工呼吸或心肺复苏术等急救方法。

2. 沾污有毒(腐蚀性)物质急救

（1）如果有毒(腐蚀性)物质沾污眼睛或裸露皮肤，应立即用大量流动、清洁水冲洗。在冲洗过程中，注意保护未沾污部位。

（2）如果沾污衣服、鞋袜，应立即脱去，后进行冲洗。

3. 溺水急救

（1）将溺水者从水中救出后，立即送到温度适宜和空气流通的地方，松开腰带，脱掉湿衣服，穿上干衣服保温。

（2）检查溺水者的口鼻，如果有泥水和污物堵塞，应迅速清除，擦洗干净，以保持呼吸道通畅。

（3）上述方法控水效果不理想时，应立即做人工呼吸、口对口吹气或胸外心脏按压。

4. 触电者急救

（1）立即切断电源或用干燥的木棒、竹竿等不导电的物体将触电者与电源分开。切勿直接用手去拉触电者，以防自身触电。

（2）在脱离电源的同时，呼喊他人帮忙拨打急救电话。

（3）拍打触电者肩部并呼喊，观察有无反应，同时观察胸部有无起伏来判断呼吸是否存在。

（4）实施心肺复苏术。

5. 长期被困井下人员急救

（1）在发现遇险人员时，应避免使用头灯的强光直接照射遇险人员的眼睛，以防瞳孔急剧收缩导致眼睛失明。可采取措施减弱光线，如使用红布、纸张、衣片等罩住头灯，或用布蒙住遇险人员的眼睛，使瞳孔逐渐适应。

（2）不可立即将遇险人员抬出井外，应先抬到安全地点，并在应急救援队伍的保护下，由医生进行检查和治疗。待遇险人员情绪稳定后，再送往医院。

（3）在搬运遇险人员时，应注意轻抬轻放，保持平衡，避免震动，并注意受伤人员的伤情变化。

本节介绍了自救互救的基本知识、步骤、要点和创伤急救方法，旨在尽可能减轻伤员痛苦，防止伤情恶化，避免二次伤害，挽救伤员生命。

第二节　专业队伍现场救援

一、概述

（一）救援原则

有限空间作业事故的应急救援工作是一项复杂且极具挑战性的任务，要求救援人员不仅具备丰富的专业知识和技能，还需采取科学防护措施。救援过程中应遵循“救人第一、科学施救、安全高效、统一指挥、协同配合”原则。

（1）救人第一。将保障人的生命安全和身体健康放在首位，在救援行动中尽最大努力挽救生命、减少伤亡。

（2）科学施救。依靠科学的方法和技术，制定合理的救援方案，避免盲目行动和蛮干，提高救援效率和效果。

（3）安全高效。在突发事件发生后，迅速启动应急响应机制，以最快的速度组织救援力量和资源投入救援工作中，争取在最短时间内控制事态发展，降低损失。

（4）统一指挥。建立统一的指挥机构，明确各部门、各救援队伍的职责和任务，确保救援行动协调有序进行。

（5）协同配合。充分发挥各部门、各救援队伍的优势，协同配合，形成救援合力。

（二）救援类型

有限空间作业事故应急救援可分为非进入式救援和进入式救援两种救援方式。有限空间作业事故发生后，应尽可能地施行非进入式救援，若必须采用进入式救援方式，则应在救援人员自身安全得到保障的前提下，才可进入有限空间实施救援。

1. 非进入式救援

非进入式救援是指救援人员在有限空间外借助相关设备与器材，安全快速地将有限空间内受困人员移出的一种救援方式。非进入式救援，如图 6-6(a)所示，是一种相对安全的应急救援方式，但需至少同时满足以下两个条件：

（1）有限空间内受困人员佩戴了全身式安全带，且通过安全绳索与有限空间外的挂点可靠连接。

（2）有限空间内受困人员所处位置与有限空间进出口之间通畅、无障碍物阻挡。

2. 进入式救援

当受困人员未佩戴全身式安全带，也无安全绳与有限空间外部挂点连接，或因受困人员所处位置无法实施非进入式救援时，就需要救援人员进入有限空间内实施救援。进入式救援，如图 6-6(b)所示，是一种风险很大的救援方式，一旦救援人员防护不当极易出现伤亡扩大。

进入式救援要求救援人员必须采取科学的防护措施，确保自身防护安全有效。救援人员应经过专门的有限空间救援培训和演练，能够熟练使用防护用品和救援设备设施，并在确保自身安全的前提下成功施救。如果救援人员未得到足够防护，不能保障自身安全，则不得进入有限空间实施救援。

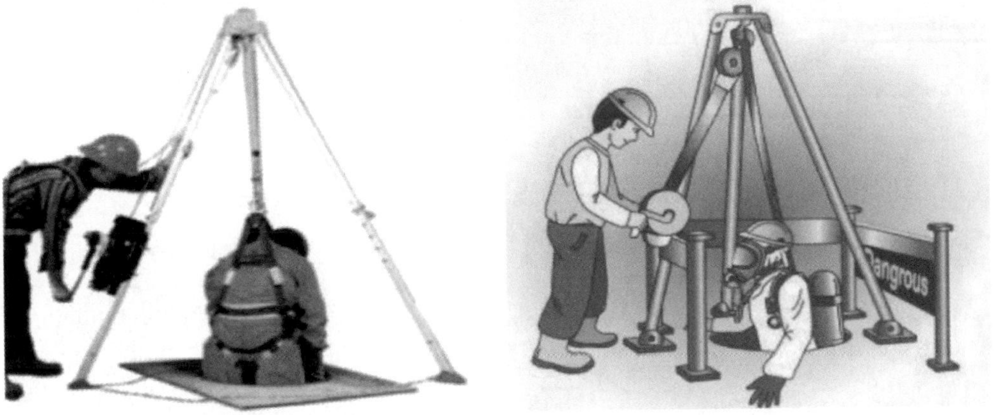

(a)非进入式救援　　(b)进入式救援

图 6-6　有限空间现场救援

(三) 救援流程

事故发生后，组织开展安全施救，基本流程如图 6-7 所示。

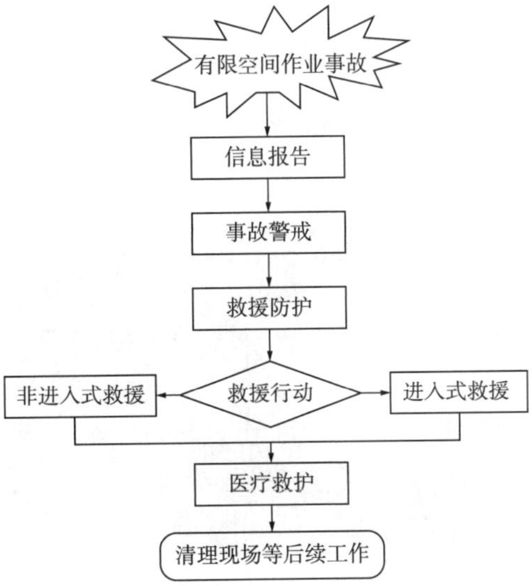

图 6-7　基本流程图

（四）救援风险

（1）有限空间救援狭小出口，进入、移动和逃生困难，救援行动不易快速展开，如图 6-8 所示。

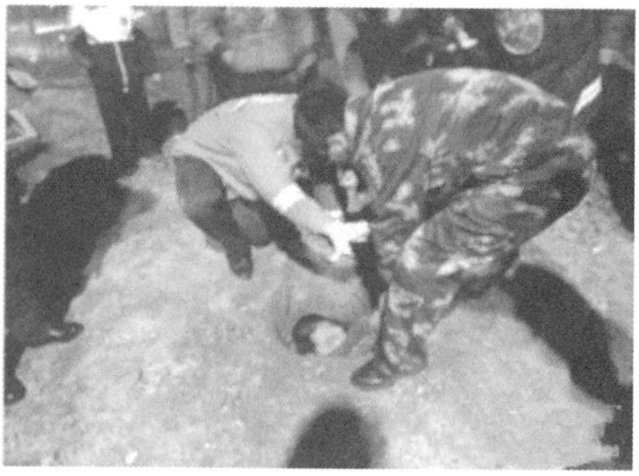

图 6-8　出入口狭小

（2）空间狭小、环境缺氧，救援者需保证自身安全，如图 6-9 所示。

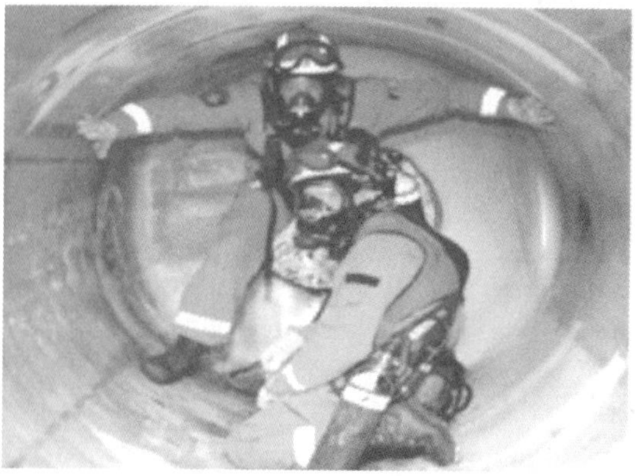

图 6-9　窒息风险

（3）存在有毒有害或易燃易爆等危险物质(气体或者蒸气)，随时可能发生中毒事故，如图 6-10 所示。

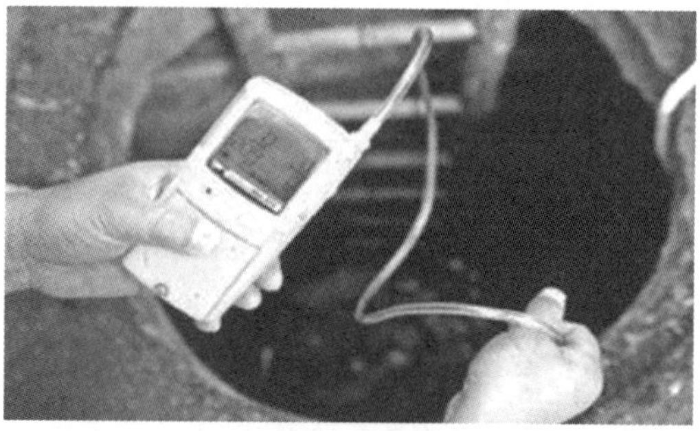

图 6-10　中毒风险

（4）存在带电线路，可能导致触电危险，如图 6-11 所示。

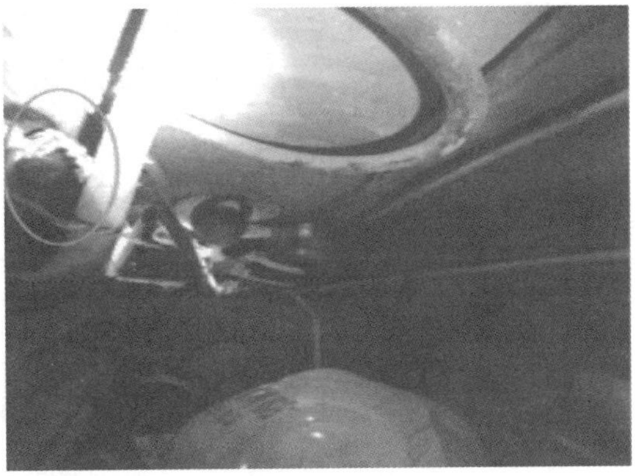

图 6-11　触电风险

（5）结构损坏或不稳，存在潜在倒塌风险，如图 6-12 所示。

图 6-12　结构坍塌风险

（6）存在腐蚀性物质，可能导致化学灼伤危险，如图 6-13 所示。

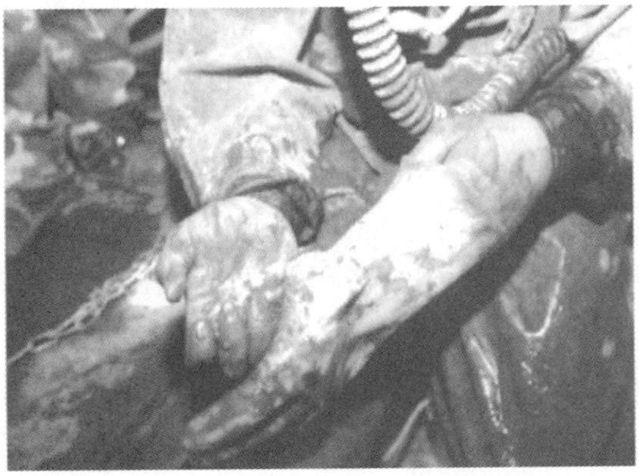

图 6-13　腐蚀环境风险

（7）积水较多，存在溺水危险，如图 6-14 所示。

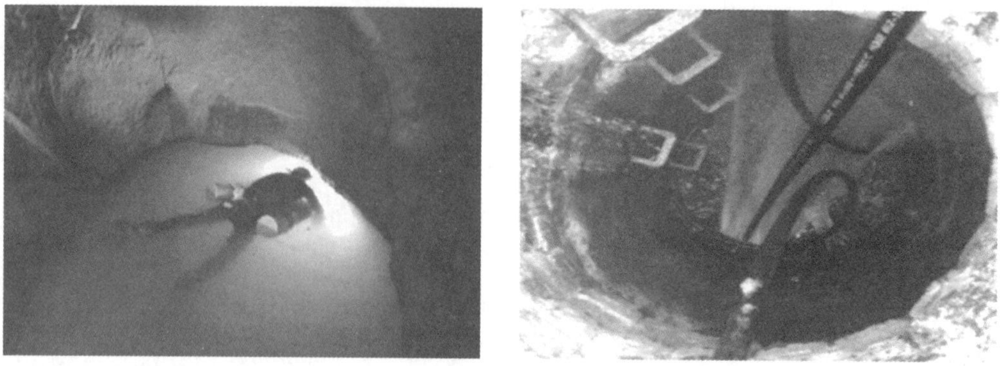

图 6-14　溺水风险

二、救援编程和职责

（一）救援编程

应急救援队伍根据接到的有限空间作业事故信息进行研判，并调派救援力量出动。

（1）第一出动。宜出动指挥车、抢险救援车、消防水罐车、医疗救护车，携带有毒(可燃)气体探测仪、热成像仪、测距仪、漏电检测仪、送风(排烟)机、移动照明灯组、手持扩音器、空(氧)气呼吸器、移动供气源、防化服、安全吊带、救援三脚(拱门)架、消防梯、救生软梯、多功能担架、救援绳索及附件等装备。下设指挥组、侦检组、警戒组、处置组，医疗救护组，建议每组不少于 3 人。侦检组承担现场侦检、通风置换、移动照明等任务；警戒组承担作业现场人员、车辆等安全管控任务；处置组承担被困人员搜索和营救、紧急救援任务。

（2）增援力量。现场指挥员根据现场情况，在第一出动的基础上，根据实际情况调派抢险救援车、多功能消防车、移动充气车、物资运输车，携带生命探测仪、水深仪、重型支撑套具、木(金属、竹)支护构件、液压破拆工具组、金属切割机、深井救援专用装备、潜水泵等装备。人数不宜少于 15 人，下设指挥、侦检、警戒、处置、医疗救护等增援组，指挥组承担现场管理和指挥任务，其他组职能同第一出动力量。

（二）职责分工

1. 指挥组(含通信员、安全员)

（1）与生产单位对接，了解现场情况及采取处置措施；组织开展危险因素识别，采取消减措施，下达指令。

（2）对作业环境安全观察，发现不安全因素及时采取措施。

（3）明确通信联络方式和应急撤离信号。

（4）对进入有限空间内作业人员佩戴的防爆视频拍摄监控仪器进行检查确认。

2. 侦检组

(1) 利用硫化氢、一氧化碳、可燃气体等检测仪器对作业区域进行侦测、汇报。

(2) 对有限空间内气体、氧含量进行侦测、汇报。

(3) 实时采取流动性方式监测气体数据、汇报。

3. 警戒组

(1) 按照作业风险分析，划定警戒区，设警戒带和标识。

(2) 设置送排风机时，应在排送口处设置警戒标识。

(3) 做好进出入警戒区域内人员和车辆登记。

(4) 严禁无关人员和车辆进入警戒区域内。

4. 处置组

(1) 根据救援需求配齐抢险救援装备器材。

(2) 对个体防护装备和救援器材逐项检查确认。

(3) 按照操作规程实施救援作业。

(4) 根据现场救援环境做好供气保障。

5. 医疗救护组

(1) 被困人员救出后，立即移至通风良好处。

(2) 视伤员情况，实施心肺复苏、固定、止血包扎等院前急救。

(3) 视情形转院治疗。

三、救援行动

(一) 现场询情

救援队伍到达现场后，通过询问知情人或技术人员、查阅有限空间资料等方式，确认以下信息：

(1) 被困人员数量、姓名、性别、年龄、身体状况、被困时间和原因。

(2) 被困人员所处位置、被困状态。

(3) 有限空间的类型、结构、布局、开口部位及尺寸、深度和周围土体情况。

(4) 是否存在中毒、爆炸、垮塌、坠落、触电、溺水等危险。

(5) 周边环境是否符合救援条件，如毗邻构建筑物、重要设施等情况。

(6) 当日气象情况等。

(二) 事故警戒

救援人员到达现场后根据救援需要设置警戒区域(包括通风排放口)，设立明显警示标志，严禁无关人员和车辆进入警戒区域。

（三）救援防护

1. 个体防护

（1）救援人员实施救援时，必须正确穿戴个体防护装备开展救援行动。应当做好自身防护，佩戴必要的呼吸器、防毒面罩、通信设备、安全绳索等应急装备和器材。

（2）在缺氧或者有毒的有限空间施救时，应佩戴隔离式防护面具。

（3）在易燃易爆的有限空间救援时，应穿防静电工作服、工作鞋。

（4）在有酸碱等腐蚀性介质的有限空间救援时，应穿戴好防酸碱工作服、工作鞋、手套等防护品。

（5）在低温有限空间救援时，应采取保温等防护措施。

2. 安全隔离

（1）有限空间内存在可能危及救援人员安全的设备设施、有毒有害物质输入、电能、高温物料及其他危险能量输入等情况，采取可靠的隔离(隔断)措施。例如，可以使用盲板、阀门、隔板等物理设施来隔断管道、线路或设备，防止有害物质的泄漏或危险能量的传递。

（2）在实施隔离(隔断)措施之前，需要对有限空间进行全面的风险评估，以确定具体的危险来源和需要采取的相应隔离手段。

3. 持续通风

（1）进入有限空间救援时，应先检测有限空间作业场所气体指标，利用有毒(可燃)气体检测仪等检测有限空间内氧气、易燃易爆和有毒有害气体浓度。采取强制通风等措施，保持有限空间空气良好流通。

（2）采用管道送风时，送风前应对管道内介质和风源进行分析确认。禁止向有限空间充氧气或富氧空气。

（3）使用机械通风设备向有限空间内输送清洁空气，通风排放口远离作业处，直至救援行动结束。

（4）当有限空间内含有易燃易爆气体或粉尘时，使用防爆型通风设备；含有毒有害气体时，通风排送口采取有效隔离防护措施。

（四）制定救援方案

确定救援方法，明确任务和作业分工，以及紧急干预措施、协同行动事项。应优先采用非进入式救援，当空间内人员因伤害无法行动，同时没有条件实施牵引作业时，才使用进入式救援方式。

针对非进入式救援，需明确被困人员所处位置、身体状态、个体防护装备穿戴等情况，救援人员在外部通过安全绳等装备将被困人员迅速移出。

针对进入式救援，需明确被困人员所处位置、身体状态、个体防护装备穿戴等情况，救援人员进入有限空间内部，用担架或安全带系好伤员两腿根部及上体，妥善提升使伤者脱离危险区域，避免影响其呼吸或触及受伤部位。

（五）救援行动

1. 行动前准备

（1）确认救援现场安全隔离与警戒措施已设置到位。

（2）各组准备救援装备和救生器材，并检查装备器材的安全性。

（3）通风置换。利用送风（排烟）机、移动供气源或空气呼吸器向有限空间送风置换。易燃易爆气体浓度达到爆炸极限，可利用防爆排烟机负压抽排。

（4）架设照明。根据现场环境，利用消防车车载照明、移动照明灯组等在作业区域组织照明；施放便捷的防爆型照明灯组。

（5）清污排水。对需要排水的区域进行详细的勘察，了解地形地貌、积水范围和深度、排水通道的位置和状况等，根据积水情况选择合适的排水设备，如水泵（包括不同功率和扬程的水泵）、排水管、水带等。

2. 救援实施

根据现场处置方案，采取引导自救、器械救人、挖掘救人等方法展开救援作业，并做好与到场的相关部门或单位以及其他救援专业队伍的协同配合。

（1）非进入式救援

① 引导自救。了解询问被困人员的身体、心理状况，若被困人员神志清醒并具备行动能力，可通过喊话稳定其情绪，可在开口部位采取以下措施：

——与被困人员传递对讲机进行语言心理安抚、告知其做好救援措施的配合。

——视有限空间高（深）度、孔洞大小选择合适的救援器材。

——选用合适的救援装备器材传递于被困人员。

——指导被困人员按照要求捆绑救援绳索。

——视情节转送医院进行治疗。

② 器械救人。利用救援三脚架、消防梯、救生软梯、绳索系统等实施有限空间救援，救援作业和被困人员保护按照有限空间救援作业规程展开。亦可现场就地取材，制作简易工具配合展开救援。

——架设消防梯、救生软梯，施放安全吊（腰）带和安全保护绳，引导被困人员系好安全吊（腰）带，保护其自行攀爬至地面。

——施放安全吊带、安全绳等至有限空间内，引导被困人员系好安全吊带，利用救援三脚架或人力提拉绳索系统将其救助至地面。

③ 挖掘救人。现场无法实施器械救人时，可采取以下措施：

——利用挖掘机以地面开口部位为中心点展开放坡挖掘作业，遵循土体工程挖掘操作规程，逐层向下剥离井体，接近被困人员位置，营救被困人员。

——利用挖掘机在地面开口部位择点展开放坡挖掘作业，接近被困人员位置，打通横向救生通道，对横向通道采取支撑保护措施，营救被困人员。

——利用钻井机在地面择点展开钻井作业，遵循钻井操作规程。

（2）进入式救援

① 侦检组根据现场救援环境、有毒有害气体浓度等，架设防爆送（排）风机，必要时对排出的有毒有害气体进行中和稀释。

② 处置组负责操作升降三脚架，安全绳的传送和联络，将躯体救援担架、呼吸器传送至有限空间内。

③ 处置组利用移动式供气源建立供气通道，悬挂安全绳依次进入有限空间内对中毒人员进行搜寻、生命体征确认、建立供气通道。

④ 处置组采取双人抬四肢法，将中毒人员移至软体式躯体救援担架并绑固，根据中毒人员的身体高度将担架顶末两端的收缩绳进行调整、紧固。

⑤ 处置组通过对讲机或安全绳接收到提升传送信号，操作多功能救援三脚架依次提拉中毒人员和有限空间内救援人员。

⑥ 处置组在安全区供气源处，监护、控制移动式供气源及气瓶更换。

⑦ 医疗救护组将中毒人员移至安全区实施院前急救。视情形转院治疗。

救援人员进入有限空间实施救援持续时间较长时，应实施轮换救援，保持救援人员体力充足，能够持续开展救援行动。连续救援时间不宜超过20min。

（六）保持联络

救援人员进入有限空间实施救援行动过程中，按照事先明确的联络信号，与外部人员进行有效联络，并保持通信畅通。

（七）医疗救护

被困人员救出后，立即移至通风良好处，具有医疗救护资质或具备急救技能的人员应及时采取正确的院前医疗救护措施，并迅速送医治疗。

（1）应立即使伤者脱离中毒环境，迅速将其转移至空气新鲜处，解开衣扣，脱去污染衣物，保持呼吸道通畅，给予氧气吸入，对伤（病）情进行正确的评估、诊断。

（2）呼吸、心跳停止者，立即进行心肺复苏术。人工呼吸时严禁口对口人工呼吸，应使用简易呼吸器辅助呼吸，以防吸入有毒气体造成施救者中毒。

（3）多人中毒时，须及时联系地方医院，请求医疗援助。并对伤病员进行检伤、分类，左胸前佩戴标识卡，优先对危重伤员进行救治。

（4）中毒人员均应尽快转送医院，给予高压氧治疗，但需配合综合治疗。对中毒症状明显者需早期、足量、短程给予肾上腺糖皮质激素治疗，有利于防止出现脑水肿、肺水肿和心肌损害情况。较重伤者需进行心电监护及心肌酶谱测定，以便及时发现病情变化。

(5) 抢救过程中，应做好诊断、用药、抢救等各种记录。将伤病员转送到医院后，按照院前伤病员交接制度进行详细交接，认真填写交接记录。

(6) 其他伤情对症处理。

(八) 紧急避险

救援展开前，应明确紧急避险点，出现可能危及救援人员安全的情况，救援人员立即撤离至紧急避险点，安全条件具备后再进入有限空间内实施救援。

(九) 救援终止

救援行动结束后，及时清点核实现场人员、装备，清理事故现场残留的有毒有害物质，同时尽可能保护事故现场，便于后续事故调查及救援评估。必要时开展事故现场环境检测和人员、装备洗消，对参与救援行动人员进行健康检查。

四、救援安全要求

(1) 严禁没有专业实战经验的人员担任现场指挥员(长)。救援行动实施专业指挥，排除干扰，科学决策，安全处置。

(2) 严禁情况不明冒险救援。救援前应切断供水、供电、供气、供热等危险源，各类安全风险必须处于可控状态，不得受外界干扰等因素影响仓促贸然行动。

(3) 严禁非专业队员救援。救援人员必须经过专业培训，具备相应的专业资格，非专业队员不得承担救援任务。

(4) 严禁防护措施不到位救援。救援人员必须严格落实呼吸、躯体防护和绳索保护等安全措施，救援中个人防(保)护器具不得擅自解除和他用。

五、应急救援总结及评估

有限空间作业事故应急救援总结及评估参照《生产安全事故应急救援评估规范》(AQ 9012—2023)，详见附录一第九项。

本节阐述了有限空间专业队伍现场救援的原则、类型、流程及风险，明确了救援编程和职责分工，详细介绍了救援行动的具体步骤，强调了救援安全要求及应急救援总结评估。为有限空间事故救援提供了全面、科学的指导，有助于提高救援效率，有效化解风险，及时处置事故，减少事故损失。

第三节 有限空间救援实操训练

一、应急救援队伍训练内容

应急救援队伍训练包括理论知识、应用技术训练、心理训练三个方面。

（一）理论知识

掌握有限空间基础知识和常见有毒有害气体（硫化氢、一氧化碳、甲烷、氨气等）的理化性质和危险特性；掌握常见有限空间的结构构造和潜在安全风险；掌握遂行器材装备性能参数、适用条件和操作要求；掌握有限空间救援行动和作业规程以及安全行动要求；开展有限空间救援典型战例研讨等。

（二）应用技术训练

掌握有毒（可燃）气体侦检；生命探测；送风（排烟）机通风；移动供气源供气；移动照明灯组照明；穿戴安全防护装备；救援三脚架、绳索系统等救援作业；支撑、切割、破拆；现场人员急救；通信联络等。

（三）心理行为训练

心理行为训练包括但不限于：黑暗、缺氧、有毒、狭小空间等心理适应性训练；黑暗环境下单手结绳训练；狭小空间正（倒）立作业训练。

二、常见训练科目

（一）三脚架救援训练（使用移动供气源救援）

1. 训练目的

通过训练使救援人员熟练掌握利用救援三脚架、绳索、移动供气源等器材，进入地下有限空间，将被困者安全、迅速救出的操作方法。

2. 场地器材

选定一地下有限空间，在其开口部位设置长 15m、宽 10m 的训练场地，距开口部位 15m、12m、5m 处分别标出起点线、器材线、作业线，地下设置 1 名被困者（60kg 假人），场地、锚点布置如图 6-15 所示。

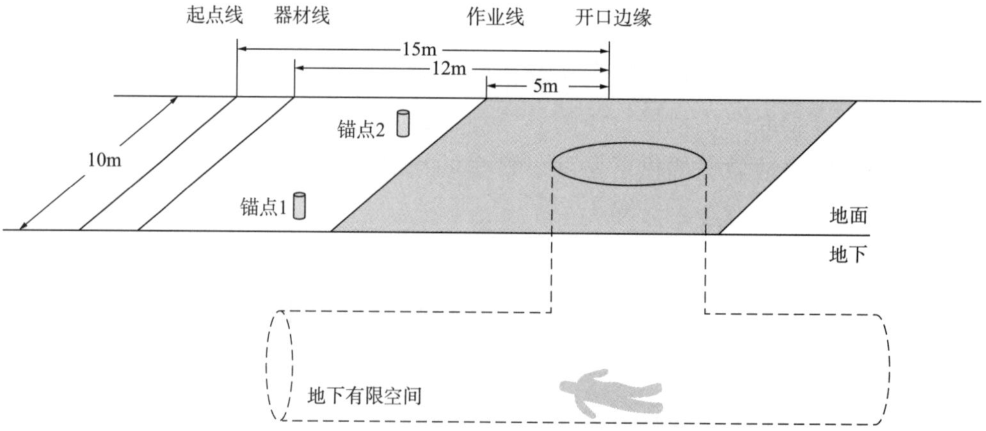

图 6-15　场地设置图

在器材线上放置救援三脚架及附件 1 套、移动供气源 1 具、空(氧)气呼吸器 7 具、全身吊带 6 副、安全吊带(全身或半身)1 副、30m 静力绳 3 根(牵引绳 1 根、保护绳 2 根)、安全钩 20 个、单滑轮 1 个、长扁带 5 根、短扁带 5 根、绳索护垫 4 块等。

3. 操作程序

(1) 2 个救援作业组 6 名救援人员和安全员在起点线处，穿戴抢险救援头盔、抢险救援服、抢险救援靴、抢险救援手套(内戴医用手套)，站成一列横队。

(2) 听到“出列”的口令，7 名救援人员答“是”，并跑步至器材线处呈立正姿势。

(3) 听到“准备器材”的口令，救援人员检查个体防护装备，作业人员穿戴全身吊带，佩戴空(氧)气呼吸器(可不戴面罩)，1、2、3 号员检查救援三脚架及其附件，4、5 号员检查静力绳、安全钩、锚点附件等，6 号员检查移动供气源和绳索护垫，做好操作准备。安全员佩戴空(氧)气呼吸器面罩，携带气体探测仪，做好防坠保护措施，行进至开口部位对井口、井壁等进行先期检查。

(4) 听到“开始”的口令，1、2、3 号员在器材线处架设救援三脚架，3 号员在其顶部安装滑轮，1、2 号员在救援三脚架支腿安装绞盘，并与顶部滑轮构成三脚架提升系统；救援作业组调整脚链和支腿高度并固定后，将整个系统移至开口部位适当位置。

(5) 6 号员将移动供气源推至开口部位附近位置，用绳索护垫对开口部位实施保护，并协助 3 号员稳固救援三脚架系统。

(6) 4、5 号员在适当位置设置 2 处锚点，利用扁带缠绕后连接安全钩，静力绳一端通过安全钩制作“意大利半扣”(或其他止坠器材)，另一端制作腰结或双股 8 字结，连接安全钩，建立绳索保护系统，分别对 1、2 号员实施保护。

(7) 1、2 号员分别连接移动供气源面罩和供气管线(或腰带供气系统)并固定，佩戴面罩做好作业准备。6 号员操作移动供气源，收放供气管线。

(8) 安全员对移动供气源、救援三脚架系统的稳固性、安全性进行检查，并对 1、2 号员个体防护装备进行检查登记。

(9) 1 号员携带安全吊带、牵引绳(含安全钩)，利用救援三脚架系统下降至井底，2 号员同法下井，为被困者穿戴安全吊带，连接钢丝绳安全钩和井下牵引绳后，发出提升信号。提升过程中 1、2 号员在井底利用牵引绳控制被困者姿势。

(10) 3 号员操控绞盘平稳提升被困者，上升出地面开口部位后，6 号员、安全员将被困者平移至地面。

(11) 3 号员利用绞盘将 1、2 号员依次提升至地面，4、5 号员做好绳索保护。

(12) 操作完成后，6 号员举手示意喊“好”。

(13) 听到“收操”的口令后，救援人员迅速将器材恢复原位，并在器材线处呈立正姿势。

(14) 听到“入列”的口令后，救援人员跑步入列。

（二）绳索救援训练

1. 训练目的

通过训练使救援人员熟练掌握利用绳索、安全钩、滑轮等器材，进入地下有限空间，将被困者安全、迅速救出的操作方法。

2. 场地器材

场地划线布置与本节三脚架救援训练一致，锚点布置如图 6-16 所示。

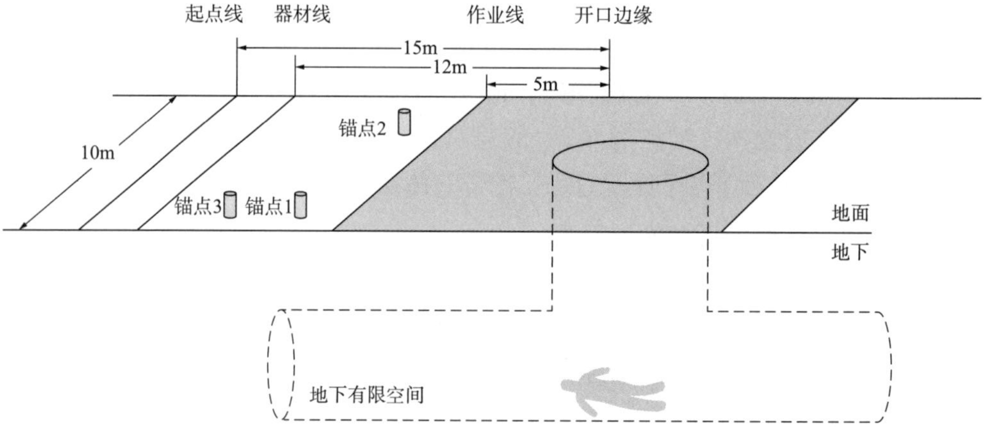

图 6-16　场地设置图

在器材线上放置空（氧）气呼吸器 7 具、全身吊带 6 副、安全吊带（全身或半身）1 副、30m 静力绳 4 根（牵引绳 1 根、保护绳 2 根、吊升绳 1 根）、安全钩 20 个、单滑轮 2 个、抓结 2 个、长扁带 5 根、短扁带 5 根、绳索护垫 4 块等。

3. 操作程序

（1）2 个救援作业组 6 名救援人员和安全员在起点线处，穿戴抢险救援头盔、抢险救援服、抢险救援靴、抢险救援手套（内戴医用手套），站成一列横队。

（2）听到“出列”的口令，7 名救援人员答“是”，并跑步至器材线处呈立正姿势。

（3）听到“准备器材”的口令，救援人员检查个体防护装备，作业人员穿戴全身吊带，佩戴空（氧）气呼吸器（可不戴面罩），1、2 号员检查安全吊带、静力绳、安全钩，3 号员检查静力绳、安全钩、单滑轮、抓结等，4、5 号员检查静力绳、安全钩、锚点附件等，6 号员检查绳索护垫，做好操作准备。安全员佩戴空（氧）气呼吸器，行进至开口部位对井口、井壁等进行先期检查。

（4）听到“开始”的口令，1、2 号员携安全吊带、静力绳、安全钩至开口部位，佩戴空（氧）气呼吸器面罩，做好下井前准备。

（5）3 号员在适当位置设置 1 处锚点，利用扁带缠绕后连接安全钩，静力绳一端通过安全钩制作“意大利半扣”（或其他止坠器材），另一端制作腰结或双股 8 字结，连接安全钩，建立绳索下降系统，作为 1、2 号员主下降绳；待 1、2 号员下至井底后实施系统转换，将该静力绳一端利用2个单滑轮和2个抓结制作3：1绳索系统，其中1个单滑轮连接锚点处安全钩，另一端制作腰结或双股8字结连接安全钩，建立绳索提拉系统。

(6) 4、5号员在适当位置设置2处锚点，利用扁带缠绕后连接安全钩，静力绳一端通过安全钩制作“意大利半扣”(或其他止坠器材)，另一端制作腰结或双股8字结，连接安全钩，建立绳索保护系统，分别对1、2号员实施保护。

(7) 6号员用绳索护垫对开口部位实施保护，并协助3号员操控绳索系统。

(8) 安全员对绳索系统的稳固性、安全性进行检查，并对1、2号员个体防护装备进行检查登记。

(9) 1号员携带安全吊带、牵引绳(含安全钩)，连接绳索系统下降至井底，2号员同法下井，为被困者穿戴安全吊带，连接绳索系统和井下牵引绳后，发出提升信号。提升过程中1、2号员在井底利用牵引绳控制被困者姿势。

(10) 3、6号员操控绳索系统，被困者上升出地面开口部位后，6号员、安全员将被困者平移至地面。

(11) 1、2号员依次通过绳索系统提升至地面，4、5号员做好绳索保护。

(12) 操作完成后，6号员举手示意喊“好”。

(13) 听到“收操”的口令后，救援人员迅速将器材恢复原位，并在器材线处成立正姿势。

(14) 听到“入列”的口令后，救援人员跑步入列。

(三) 通风置换训练

1. 训练目的

通过训练使救援人员熟练掌握利用送风(排烟)机、空气呼吸器气瓶、移动供气源、绳索等器材，对地下有限空间进行通风置换的操作方法。

2. 场地器材

场地划线布置与本节三脚架救援训练一致，锚点布置同三脚架救援训练(图6-15)。

在器材线上放置送风(排烟)机1部、空气呼吸器气瓶1具、移动供气源1具、手提式防爆照明灯1具、空(氧)气呼吸器3具、全身吊带3副、30m静力绳2根(牵引绳1根、保护绳1根)、绳索护垫1块等。

3. 操作程序

(1) 前期准备工作

① 1个侦检安全组的2名救援人员和安全员在起点线处，穿戴抢险救援头盔、抢险救援服、抢险救援靴、抢险救援手套，站成一列横队。

② 听到“出列”的口令，3名救援人员答“是”，并跑步至器材线处呈立正姿势。

③ 听到“准备器材”的口令，安全员佩戴空(氧)气呼吸器面罩，行进至作业线处做

好防坠保护，携带气体探测仪行进至开口部位对井口、井壁、气体等进行先期检查。救援人员检查个体防护装备，穿戴全身吊带，佩戴空(氧)气呼吸器(可不戴面罩)，1 号员检查送风机、送风管、排烟机、空气呼吸器气瓶、移动供气源，2 号员检查手提式防爆照明灯、绳索、绳索护垫等，做好操作准备。

(2) 送风机通风置换

① 1、2 号员携带器材(送风机、送风管、手提式防爆照明灯、绳索、绳索护垫)至作业线处适当位置，并做好防坠保护。

② 1 号员拉开送风机送风管，利用绳索在送风管的一端制作卷结固定，2 号员将风管另一端连接送风机出风口，安全员利用安全绳将送风机与锚点链接，防止送风机意外坠落。

③ 2 号员用绳索护垫对开口部位实施保护，利用手提式防爆照明灯照明。

④ 1 号员利用绳索将送风管一端缓慢下放至井底后，举手示意。

⑤ 2 号员根据 1 号员位置，调整送风机位置和送风管长度，待 1 号员举手示意后，操作送风机向井下送风。

⑥ 待送风机稳定送风后，2 号员举手示意喊“好”。

⑦ 听到“收操”的口令后，救援人员迅速将器材恢复原位，并在器材线处呈立正姿势。

(3) 排烟机通风置换

① 1、2 号员将排烟机抬至作业线处，并做好防坠保护。安全员利用安全绳将排烟机与锚点链接，防止排烟机意外坠落。

② 1、2 号员将排烟机抬至开口部位边缘处适当位置，调整排烟机角度，使送风口对准井下方向。

③ 1 号员启动排烟机，2 号员稳住送风方向。待排烟机稳定送风后，1 号员举手示意喊“好”。

④ 听到“收操”的口令后，救援人员迅速将器材恢复原位，并在器材线处呈立正姿势。

⑤ 听到“入列”的口令后，救援人员跑步入列。

(4) 移动供气源通风置换

① 1、2 号员携带器材(移动供气源、绳索、手提式防爆照明灯、绳索垫布等器材)行进至作业线处，并做好防坠保护。安全员利用安全绳将移动供气源与锚点链接，防止移动供气源意外坠落。

② 2 号员用绳索护垫对开口部位实施保护，利用手提式防爆照明灯照明。

③ 1 号员连接移动供气源供气管与供气阀，用绳索在供气阀上制作卷结，打开移动供气源供气开关，使供气阀呈缓慢供气状态；拉动移动供气源供气管线，将供气阀下放

至井底，利用绳索调整供气阀至适当位置。

④ 操作完成后，1 号员举手示意喊“好”。

⑤ 听到“收操”的口令后，救援人员迅速将器材恢复原位，并在器材线处成立正姿势。

⑥ 听到“入列”的口令后，救援人员跑步入列。

（四）液硫池人员中毒救援

某天然气净化厂在对联合装置区内液硫池进行防腐施工作业时，一名施工人员因佩戴的防毒面具发生故障导致中毒。现场救援条件不能满足多功能救援三脚架的展开，需要救援队员采取绳索救援方式对中毒人员进行现场救援。

1. 训练目的

通过训练使救援人员熟练掌握液硫池人员中毒救援的操作方法。

2. 人员配置

人员 8 人。1 名指挥员（班长）、1 名安全员（观察哨）、5 名操作员、1 名医疗救护员。

3. 器材配备

（1）个体防护装备：防爆拍摄记录仪、全套救援头盔、抢险救援服、救援手套、护膝护肘、护目镜、防砸防穿刺靴、气体侦检仪器、空气呼吸器等。

（2）救援器材装备：躯体救援担架、移动式供气源、救援绳等能够完成救援任务的装备器材。

4. 操作程序

（1）准备工作

① 指挥员带领小组成员将救援器材装备摆放到指定地点。

② 全员穿戴齐全个人安全防护用具，并对器材性能进行检查。

③ 指挥员组织安全员、班组长对现场环境进行风险分析研判、消减及安全讲话，并与生产单位人员进行对接确认。

（2）组织实施

① 指挥员整理队伍，通报现场救援环境，并进行任务分工。

② 侦检组利用检测仪器对作业区域进行侦测并汇报。

③ 警戒组开展作业区警戒，严禁无关人员进入作业区域。

④ 安全员对救援人员个体防护穿戴情况进行检查，架设防爆视频拍摄监控仪器，对作业现场及周围环境进行安全观察，发现不安全因素及时采取措施。

⑤ 处置组检查器材性能并根据分工开展救援。

（3）救援作业

① 1、2 号员用移动式供气源建立供气通道，绑固安全绳。

② 安全员(观察哨)对1、2号员个体防护装备进行检查登记。

③ 1、2号员通过深井池梯子进入液硫池底部，并解开安全绳，对中毒人员进行搜寻和生命体征确认。

④ 3、4号员用救援绳将躯体救援担架送至液硫池底部。

⑤ 1、2号员将躯体软体救援担架平铺展开，然后采用双人抬四肢法将中毒人员转移到担架上；利用担架固定带对中毒人员进行绑固，并根据中毒人员的身体高度将担架顶末两端的收缩绳进行调整、紧固；将安全绳与救援担架进行绑固后，通过担架手柄将担架移到液硫池底部。

⑥ 3、4、5号员利用救援绳将躯体软体救援担架提拉到顶部后，移送到液硫池平台上平坦处。解开安全绳并安排中毒人员转院作进一步的救治。

⑦ 3、4号员协同医疗救护人员将昏迷人员转移到现场环境安全区域后进行院前急救。

⑧ 医疗救护人员对昏迷人员检查确认，视情转院。

(五) 反应塔(器)内人员昏迷救援

某天然气净化厂一名施工作业人员进入装置区反应塔内进行清淤作业，因氧气不足，昏倒在塔器内。监护人员发现后，立即报警求援。现场救援环境条件不能满足多功能救援三脚架的支撑展开(人孔高度不足)，需要救援队员采取进入式救援方法施救。

1. 训练目的

通过训练使救援人员熟练掌握反应塔(器)内人员昏迷救援的操作方法。

2. 人员配置

人员7人。1名指挥员(班长)、1名安全员(观察哨)、4名操作员、1名医疗救护员。

3. 器材配备

(1) 个体防护装备：防爆对讲机、防爆拍摄记录仪、救援头盔、抢险救援服、救援手套、护膝护肘、护目镜、防砸防穿刺靴、多功能气体侦检仪器、空气呼吸器等。

(2) 救援器材装备：躯体软体救援担架、移动式供气源、救援绳、移动式防爆视频拍摄监控仪、2L头套式逃生呼吸器、防爆移动照明灯等能够保障完成救援任务的装备器材。

4. 操作程序

(1) 准备工作、组织实施与本节液硫池人员中毒救援一致。

(2) 救援作业。

① 1、2号员用移动式供气源建立供气通道，悬挂安全救援绳。

② 安全员(观察哨)对1、2号员个体防护装备进行检查登记。

③ 通过人孔爬进有限空间内，对昏迷人员进行搜寻和生命体征确认。

④ 3、4 号员通过救援绳将 2L 头套式逃生呼吸器、躯体软体救援担架送至底部。

⑤ 1、2 号员对昏迷人员佩戴 2L 头套式逃生呼吸器；将躯体软体救援担架展开，采用双人抬四肢法将昏迷人员移至担架并绑固，根据昏迷人员的身体高度将担架顶末两端的收缩绳进行调整、紧固；将安全救援绳与软体救援担架进行绑固，通过对讲机与救援人员取得联系。

⑥ 3、4 号员拖拽救援安全绳，协同 1、2 号员将昏迷人员拖拉到人孔出(入)口处。

⑦ 3、4 号员协同医疗救护人员将昏迷人员转移到现场环境安全区域后进行院前急救。

⑧ 医疗救护人员对昏迷人员检查确认，视情转院。

本节从应急救援队伍训练内容的理论、应用技术和心理训练三个方面，列举了常见训练科目，涵盖了多种救援场景的操作方法。为救援队伍开展有限空间救援专项训练提供了指导，有助于在实际有限空间救援中更加高效、安全地开展救援行动，降低事故损失。

第四节　典型事故救援案例

有限空间作业事故主要包括中毒、窒息、爆炸等，本节选取 6 起有限空间典型事故案例进行分析，警示生产经营单位和从业人员汲取教训，在实际工作中加强有限空间作业安全管理，严格遵守操作规程，预防有限空间作业事故发生。

一、生产经营单位自救互救类

某纸业公司“2·15”较大中毒事故

(一) 事故简要情况

2019 年 2 月 15 日 23 时许，某纸业公司发生一起气体中毒事故，造成 7 人死亡、2 人受伤。

2 月 15 日，一车间班长莫某、三车间班长陈某组织人员进入污水调节池清污。

19 时 30 分左右，班长莫某组织一车间环保部门清洗工人魏某、熊某、李某、萧某、邹某、邓某、张某共 7 人分组轮番下池进行清理作业。

23 时 00 分，第三组人员(邹某、萧某、魏某) 下池作业。

23 时 08 分，位于污水调节池平台的王某(邹某丈夫) 听到池内的邹某呼救，遂下池救人；一车间班长莫某向环保部文员袁某汇报并指挥熊某、余某、李某下池救人。3 人下池后很快晕倒。随后，张某、黄某也先后下池救人。张某感觉不适，自行爬出池口。

23 时 13 分左右，袁某赶到现场与三车间班长陈某下池施救，莫某找来绳索，与袁某、陈某等人合力拉起池下 5 名伤者。

23 时 16 分，张某拨通 120 急救电话；23 时 17 分，拨通 119 求救电话。

23 时 25 分，消防队员到达现场。

23 时 30 分，医护人员到达现场。

经消防队员与厂方员工的全力营救，共救出被困人员 9 人。其中，魏某、熊某、李某、萧某、邹某、余某、王某 7 人经现场抢救无效死亡，张某、黄某 2 人被送至市人民医院 ICU 进行全力救治。

（二）事故原因

（1）该纸业一车间污水处理班人员邹某等 3 人违章进入含有硫化氢气体的污水调节池内进行清淤作业，导致事故发生。

（2）该纸业其他从业人员盲目施救导致事故伤亡的扩大。邹某等参与应急救援的人员不具备有限空间事故应急处置知识和能力，在对污水调节池内中毒人员施救时未做好自身防护，未配备必要的救援器材和器具(气体检测仪、通风装备、吊升装备等）。

（三）事故启示

（1）落实安全生产管理制度和有限空间作业隐患排查治理工作。严格落实有限空间作业审批制度、现场安全管理制度、安全操作规程，履行有限空间作业审批手续；加强有限空间风险辨识和隐患排查能力。

（2）完善有限空间作业事故现场处置方案，加强演练。一是完善污水调节池有限空间作业事故现场处置方案的可操作性，明确应急组织机构及职责、事故风险描述、预警及信息报告、应急响应、保障措施等方面内容；二是开展污水调节池等有限空间作业专项应急救援演练工作，保证相关人员具备应急处置能力。

（3）加强有限空间作业专项安全培训。一是做到有限空间专项培训作业人员全覆盖；二是培训内容应包括检测仪器、劳动防护用品的正确使用，紧急情况下的应急处置措施及自救和互救等方面的知识；三是安排培训教育合格的有限空间作业人员上岗作业。

某车辆有限公司“9·7”氩气窒息事故

（一）事故简要情况

2015 年 9 月 7 日，某车辆有限公司铸造车间发生一起有限空间氩气窒息事故。经抢救，3 名窒息人员得到有效救治，未造成人员伤亡。

当日 23 时，铸造车间维修班对钢包氩气管道进行更换。

23 时 20 分，将圆台形敞口状空钢包(底部内径有 1.4m，上口内径有 1.6m，深 1.9m)吊入精炼台位，连接氩气供气软管，洪某到精炼炉平台边(钢包口位置）指挥开通氩气阀门，观察钢包底部氩气开通情况，随后关闭氩气阀门，乘梯子到钢包底部清理杂物，范某在钢包上口平台上监护。

23 时 35 分，监护的范某发现洪某摔倒，范某呼救并进入钢包内拉洪某，在精炼炉附近的邹某听到呼救立即下到钢包底部救人，在拉、推洪某的过程中班长白某发现范某和邹某相继摔倒，立即用压缩空气向范某、邹某和洪某脸部吹扫，范某和邹某清醒后，共同将洪某从钢包底部向上推出钢包。

23 时 45 分，段长谢某拨打了 120 电话，120 急救车将洪某、邹某、范某送到医院救治。

（二）事故原因

检修人员未按照“先通风、再检测、后作业”程序，违章作业，冒险下到钢包（有限空间）底部从事清理和检查作业是造成此次窒息事故的直接原因，施救人员盲目进入钢包底部进行施救造成事故进一步扩大。

（三）事故启示

（1）加强安全教育培训。企业应加强对作业人员的安全教育培训，提升作业人员对有限空间作业风险的认知水平。

（2）加强有限空间作业风险辨识。作业前，对修钢包作业风险进行辨识，并制定防氩气窒息的风险控制措施。

（3）健全并认真执行作业和安全管理制度。企业应制定专门的有限空间作业安全管理规定，将电炉和钢包内作业列入危险作业。

某生猪养殖农民专业合作社“4·13”较大中毒和窒息事故

（一）事故简要情况

2024 年 4 月 13 日，某生猪养殖农民专业合作社发生一起较大中毒和窒息事故。事故造成 7 人死亡，直接经济损失约 565 万元。

14 时 08 分，高某、李某对粪水处理区粪水收集池进行粪水抽排作业，高某翻越粪水处理区护栏进入沉淀池与粪水收集池间隔墙。14 时 09 分，高某从隔墙处翻越护栏返回。随后，高某、李某开展放置潜水泵、疏通排污管道等准备工作。

14 时 46 分 58 秒，高某未佩戴任何防护用品再次翻越粪水处理区护栏，通过竹扶梯进入粪水收集池内。14 时 47 分 38 秒，粪水收集池内开始传出高某咳嗽声。

14 时 48 分 09 秒，吴某发现高某在粪水收集池内出现异常情况，使用手机拨打电话进行呼救。14 时 49 分 06 秒，李某、王某从养猪场外跑到粪水收集池边；王某快速冲向沉淀池查看，并尝试翻越粪水处理区护栏进入粪水收集池，因潜水泵 PE 管道等物品阻挡未成功。李某、王某两人在断开配电箱电源后，相继进入粪水收集池内实施救援。

14 时 53 分，伍某拨打 120 电话求救，并报告粪水收集池内已有 4 人中毒需救援。

之后，杨某、伍某、吴某3人相继进入粪水收集池内实施救援。

事发后，应急、消防、卫健、农业农村等相关部门第一时间赴现场全力开展救援，7人已全部搜救出池。16时39分，4名被困人员经现场医护人员全力抢救无效宣布死亡，另外3名被困人员被转移至医院抢救，但不幸抢救无效宣布死亡。经司法鉴定中心对7人进行法医学尸体检验鉴定分析，7人死亡原因符合吸入有毒气体、环境缺氧、溺水等因素引起机体缺氧窒息死亡、溺死。

（二）事故原因

作业人员在未采取任何防护措施的情况下，进入氧含量严重不足、硫化氢气体浓度严重超标的粪水收集池底作业，导致发生中毒和窒息事故，加之盲目施救，造成事故扩大升级。

（三）事故启示

（1）加强企业主体责任落实。养殖企业应建立基本的安全生产管理制度，认真贯彻执行有限空间作业相关规定，开展畜禽粪污化粪池等有限空间安全风险辨识，落实有限空间作业“先通风、再检测、后作业”要求，配置检验检测设备、安全防护设备、应急救援装备。

（2）增强从业人员专业知识，杜绝盲目施救。作业人员应严格按规范要求进入有限空间作业；其他人员严禁在未采取任何安全防护措施的情况下盲目施救。企业应重视有限空间作业安全教育培训，提升企业负责人、从业人员安全风险识别能力和事故应急处置能力。

二、专业队伍救援类

某铁路隧道进口平行导洞“5·2”瓦斯爆炸事故

（一）事故简要情况

2017年5月2日，某铁路隧道进口平行导洞发生一起瓦斯爆炸事故，造成正在隧道主洞内施工作业的12人死亡、12人受伤。

2017年5月2日下午，在该隧道进口，有9名工人在掌子面立拱架（另有1名带班），下台阶处有一台挖掘机、一辆车在出渣，另有两辆车在等待出渣，二衬端头（3号横通道连接处附近）4名工人在挂防水板，4名工人在进洞口约200m处打电缆槽水沟。

14时48分许，技术员曹某、连某及瓦检员余某和另外4人正往隧道里走时，平导内发生瓦斯爆炸，将平导口停放的挖掘机冲出约15m远、洞口风机被推倒，冲击波冲破导洞3号横通道与主洞连接部位，冲击正在隧道内施工作业的工人和机械设备，同时产生大量一氧化碳，造成立拱架7人、挂防水板4人、正在出渣的驾驶员共12名工人死亡，另外12人受伤。

(二) 事故救援过程

15 时 19 分，企业向所在县政府报送事故情况。

接到事故报告后，省、市、县三级领导高度重视，立即启动省、市、县应急救援预案，组织有关单位开展抢险救援。先后投入矿山救护队 3 支共 51 人、消防救援人员 51 人、民兵预备役部队 55 人、企业救援队 30 人参与抢险救援，事故单位组织了由瓦检员、安全员、通风管理员及各类机械操作人员 100 人参与救援，投入救护车 20 辆、专业抢险救援车 17 辆、消防车 17 辆。救援人员进入隧道约 500m 处发现 1 名遇难人员，约 700m 处发现 5 名遇难人员，在掌子面拱架上发现 6 名遇难人员。至 3 日 4 时 43 分，最后一具遗体运出隧道，现场救援工作结束。受伤人员得到及时有效救治。

(三) 事故原因

平行导洞内应力变化导致底板隆起开裂，爆炸前瓦斯冲破底板大量异常涌出，瞬间产生高压瓦斯气流，局部达到爆炸浓度，瓦斯气流致使喷溅的矸石和混凝土块砸在金属件上产生火花引起瓦斯爆炸。

(四) 事故启示

(1) 充分开展风险识别，落实风险防控措施。现场主要负责人和技术负责人发现底板开裂后，应意识到该段下伏的煤层为高瓦斯煤层，存在瓦斯大量涌出风险，除加强现场监测外，应采取防爆等防控手段，并上报上级。

(2) 加强作业现场管理。严格落实隧道通风方案变更手续；定时维护瓦斯自动监控系统管理；加强现场管理，落实进出洞登记制度；落实工作人员持证上岗要求。

(3) 规范承包商管理。严格审查劳务队伍资质，严禁与无委托书和劳务公司资质证书的单位签订劳务分包合同。

某市“7·18”井下人员中毒救援事故

(一) 事故简要情况

2020 年 7 月 18 日 14 时 31 分，某市一交叉路口处 1 名物业人员疏通下水井管道时被困井中。

(二) 事故救援过程

救援队伍接警后，调派救援站 2 辆消防车、10 名指战员到场处置。

14 时 38 分，救援人员到达现场。经侦查询问得知，井口内径 0.6m、深 3m 的下水井中，1 名物业人员被困井底。现场指挥员命令做好救援准备并派出 3 名战斗员进行警戒。

14 时 41 分，指挥员命令方某佩戴空气呼吸器下井进行侦查检测及初步处置，此时有毒气体检测仪未发出报警。由于井内空间狭小，无法弯腰作业，方某遂上井卸下空气呼吸器。

14时43分，方某再次下井救援，并将绳索系到被困者腋下通过拉绳进行营救，在拉动中被困者不停抖动，导致绳索脱落。

14时49分，当方某第三次下井救援时，深入井下突然晕倒，在井口看护辅助救援的宋某见状，下意识地通过井壁梯蹬拉拽方某，导致宋某瞬间昏迷。

14时50分，指挥员立即命令2名救援人员佩戴空气呼吸器采取倒立方式下井救援，依次将救援人员方某、辅助救援人员宋某和被困群众救出，紧急送往医院救治。

（三）事故原因

作业人员在未采取任何防护措施的情况下，进入氧含量严重不足的下水管道作业被困。救援人员个体防护不到位，造成事故扩大升级。

（四）事故启示

（1）增强救援人员安全意识。充分评估救援危险性，杜绝思想麻痹大意。

（2）充分落实救援行动规程。救援前，救援人员应侦查检测到位，按井下救援行动规程和安全行动手册相关内容开展行动，并全程落实个人防护要求。

（3）合理使用救援器材。按要求连续不间断使用有毒气体探测仪，正确使用救援三脚架、移动供气源等装备。

某市“7·3”污水井硫化氢中毒事故

（一）事故简要情况

2009年7月3日，某物业公司在对小区内西侧污水井内的污水提升泵进行维修作业时，3名工人因硫化氢中毒晕倒，先后有7人下井实施救援，共造成10人中毒。其中6人死亡，另外4人经抢救脱离生命危险。在救援过程中另有1名救援人员牺牲。

（二）事故救援过程

2009年7月3日上午，某物业公司工程维修部，指派电工王某和马某负责小区6号楼西侧的地下中水站污水井抽水工作，为维修污水提升泵作准备。

14时左右，工程维修部电工王某、马某、刘某及水暖工领班田某等4人，到已抽完水的6号楼西侧污水井进行井下污水提升泵维修作业。田某穿皮叉下到井下进行维修作业，其余3人在井上帮忙并监护。田某下井后便晕倒在井下，井上监护的马某、刘某看其晕倒，分别下到井下实施救援，也相继晕倒。王某见状立即报告了工程维修部经理刘某，同时，跑出小区南门呼叫正在小区南门东侧超市维修消防阀门的工程维修部水暖工贾某、综合工于某等人过来帮忙。

随后，王某和于某下井救人，也晕倒在污水井中。刘某接到电话后，立即和北区保安部经理李某赶往事故现场，并通知了在同一办公室北区执行总经理冯某。在赶往事故现场的途中，李某到15号楼的中控室拿上消防绳，并叫上了保安班长陈某一同赶往事故现场，待李某和陈某赶到事故现场时，刘某已经下到井下救人。冯某指派贾某拨打

120 报警。

14 时 55 分，应急救援队伍到达事故现场，立即组织力量实施救援，先后将管某和刘某拉出了污水井。

15 时 30 分，应急救援队伍进行了侦查，经测量井下污水上涨已达 3m，并了解到井下仍有 5 名被困人员。

根据现场情况，现场指挥部紧急调集三台抽粪车辆抽取井下污水，17 时 15 分又调取三台抽水泵抽水。当水深降至 0. 5m 时，发现 1 名被困人员，17 时 34 分救援人员下井施救，5 名被困人员相继于 17 时 48 分、18 时 12 分、18 时 17 分、18 时 39 分、18 时 47 分被救出。经现场确认，井下无其他被困人员，救援工作于 18 时 50 分结束。

（三）事故原因

使用已损坏的有毒气体探测仪进行检测，未能准确检测出井内有毒气体的存在，导致救援人员对现场危险情况判断失误。

（四）事故启示

（1）加强设备管理。对所有救援设备进行全面检查和维护，确保设备的完好性和可靠性。建立设备定期检测和维修制度，及时淘汰损坏和过期的设备。

（2）提高安全意识。加强对救援人员的安全教育和培训，提高其安全意识和风险评估能力。定期组织应急演练，让救援人员熟悉各种危险情况的应对措施。

（3）强化现场指挥。提高现场指挥人员的专业素质和指挥能力，确保在救援行动中能够做出正确的决策和有效的指挥。建立严格的现场指挥制度，明确指挥人员的职责和权限。

（4）完善处置方案。对现场处置方案进行修订和完善，增加对类似事故的应对措施和安全注意事项。定期组织应急预案演练，提高应急响应能力和协同作战能力。

附　录

附录一　相关法规标准节选

本附录将以下九项中与本书相关的内容进行了节选。

一、《工贸企业有限空间作业安全规定》(应急管理部令第 13 号)

二、《有限空间作业事故安全施救指南》(应救协调〔2021〕5 号)

三、《缺氧危险作业安全规程》(GB 8958—2006)

四、《危险化学品企业特殊作业安全规范》(GB 30871—2022)

五、《消防应急救援　作业规程》(GB/T 29179—2012)

六、《城镇排水管道维护安全技术规程》(CJJ 6—2009)

七、《电力管道有限空间作业安全技术规范》(DL/T 2520—2022)

八、《烟草企业有限空间作业安全技术规范》(YC/T 613—2024)

九、《生产安全事故应急救援评估规范》(AQ 9012—2023)

一、《工贸企业有限空间作业安全规定》(应急管理部令第 13 号)

第一条　为了保障有限空间作业安全，预防和减少生产安全事故，根据《中华人民共和国安全生产法》等法律法规，制定本规定。

第二条　冶金、有色、建材、机械、轻工、纺织、烟草、商贸等行业的生产经营单位(以下统称工贸企业)有限空间作业的安全管理与监督，适用本规定。

第三条　本规定所称有限空间，是指封闭或者部分封闭，未被设计为固定工作场所，人员可以进入作业，易造成有毒有害、易燃易爆物质积聚或者氧含量不足的空间。

本规定所称有限空间作业，是指人员进入有限空间实施的作业。

第四条　工贸企业主要负责人是有限空间作业安全第一责任人，应当组织制定有限空间作业安全管理制度，明确有限空间作业审批人、监护人员、作业人员的职责，以及安全培训、作业审批、防护用品、应急救援装备、操作规程和应急处置等方面的要求。

第五条　工贸企业应当实行有限空间作业监护制，明确专职或者兼职的监护人员，负责监督有限空间作业安全措施的落实。

监护人员应当具备与监督有限空间作业相适应的安全知识和应急处置能力，能够正确使用气体检测、机械通风、呼吸防护、应急救援等用品、装备。

第六条 工贸企业应当对有限空间进行辨识，建立有限空间管理台账，明确有限空间数量、位置以及危险因素等信息，并及时更新。

鼓励工贸企业采用信息化、数字化和智能化技术，提升有限空间作业安全风险管控水平。

第七条 工贸企业应当根据有限空间作业安全风险大小，明确审批要求。

对于存在硫化氢、一氧化碳、二氧化碳等中毒和窒息等风险的有限空间作业，应当由工贸企业主要负责人或者其书面委托的人员进行审批，委托进行审批的，相关责任仍由工贸企业主要负责人承担。

未经工贸企业确定的作业审批人批准，不得实施有限空间作业。

第八条 工贸企业将有限空间作业依法发包给其他单位实施的，应当与承包单位在合同或者协议中约定各自的安全生产管理职责。工贸企业对其发包的有限空间作业统一协调、管理，并对现场作业进行安全检查，督促承包单位有效落实各项安全措施。

第九条 工贸企业应当每年至少组织一次有限空间作业专题安全培训，对作业审批人、监护人员、作业人员和应急救援人员培训有限空间作业安全知识和技能，并如实记录。

未经培训合格不得参与有限空间作业。

第十条 工贸企业应当制定有限空间作业现场处置方案，按规定组织演练，并进行演练效果评估。

第十一条 工贸企业应当在有限空间出入口等醒目位置设置明显的安全警示标志，并在具备条件的场所设置安全风险告知牌。

第十二条 工贸企业应当对可能产生有毒物质的有限空间采取上锁、隔离栏、防护网或者其他物理隔离措施，防止人员未经审批进入。监护人员负责在作业前解除物理隔离措施。

第十三条 工贸企业应当根据有限空间危险因素的特点，配备符合国家标准或者行业标准的气体检测报警仪器、机械通风设备、呼吸防护用品、全身式安全带等防护用品和应急救援装备，并对相关用品、装备进行经常性维护、保养和定期检测，确保能够正常使用。

第十四条 有限空间作业应当严格遵守“先通风、再检测、后作业”要求。存在爆炸风险的，应当采取消除或者控制措施，相关电气设施设备、照明灯具、应急救援装备等应当符合防爆安全要求。

作业前，应当组织对作业人员进行安全交底，监护人员应当对通风、检测和必要的隔断、清除、置换等风险管控措施逐项进行检查，确认防护用品能够正常使用且作业现场配备必要的应急救援装备，确保各项作业条件符合安全要求。有专业救援队伍的工贸企业，应急救援人员应当做好应急救援准备，确保及时有效处置突发情况。

第十五条 监护人员应当全程进行监护，与作业人员保持实时联络，不得离开作业现场或者进入有限空间参与作业。

发现异常情况时，监护人员应当立即组织作业人员撤离现场。发生有限空间作业事故后，应当立即按照现场处置方案进行应急处置，组织科学施救。未做好安全措施盲目施救的，监护人员应当予以制止。

作业过程中，工贸企业应当安排专人对作业区域持续进行通风和气体浓度检测。作业中断的，作业人员再次进入有限空间作业前，应当重新通风、气体检测合格后方可进入。

第十六条 存在硫化氢、一氧化碳、二氧化碳等中毒和窒息风险、需要重点监督管理的有限空间，实行目录管理。

监管目录由应急管理部确定、调整并公布。

第十七条 负责工贸企业安全生产监督管理的部门应当加强对工贸企业有限空间作业的监督检查，将检查纳入年度监督检查计划。对发现的事故隐患和违法行为，依法作出处理。

负责工贸企业安全生产监督管理的部门应当将存在硫化氢、一氧化碳、二氧化碳等中毒和窒息风险的有限空间作业工贸企业纳入重点检查范围，突出对监护人员配备和履职情况、作业审批、防护用品和应急救援装备配备等事项的检查。

第十八条 负责工贸企业安全生产监督管理的部门及其行政执法人员发现有限空间作业存在重大事故隐患的，应当责令立即或者限期整改；重大事故隐患排除前或者排除过程中无法保证安全的，应当责令暂时停止作业，撤出作业人员；重大事故隐患排除后，经审查同意，方可恢复作业。

第十九条 工贸企业有下列行为之一的，责令限期改正，处5万元以下的罚款；逾期未改正的，处5万元以上20万元以下的罚款，对其直接负责的主管人员和其他直接责任人员处1万元以上2万元以下的罚款；情节严重的，责令停产停业整顿；构成犯罪的，依照刑法有关规定追究刑事责任：

（一）未按照规定设置明显的有限空间安全警示标志的；

（二）未按照规定配备、使用符合国家标准或者行业标准的有限空间作业安全仪器、设备、装备和器材的，或者未对其进行经常性维护、保养和定期检测的。

第二十条 工贸企业有下列行为之一的，责令限期改正，处10万元以下的罚款；逾期未改正的，责令停产停业整顿，并处10万元以上20万元以下的罚款，对其直接负责的主管人员和其他直接责任人员处2万元以上5万元以下的罚款：

（一）未按照规定开展有限空间作业专题安全培训或者未如实记录安全培训情况的；

（二）未按照规定制定有限空间作业现场处置方案或者未按照规定组织演练的。

第二十一条 违反本规定，有下列情形之一的，责令限期改正，对工贸企业处5万元以下的罚款，对其直接负责的主管人员和其他直接责任人员处1万元以下的罚款：

（一）未配备监护人员，或者监护人员未按规定履行岗位职责的；

（二）未对有限空间进行辨识，或者未建立有限空间管理台账的；

（三）未落实有限空间作业审批，或者作业未执行“先通风、再检测、后作业”要求的；

（四）未按要求进行通风和气体检测的。

第二十二条 本规定自2024年1月1日起施行。原国家安全生产监督管理总局2013年5月20日公布的《工贸企业有限空间作业安全管理与监督暂行规定》（国家安全生产监督管理总局令第59号）同时废止。

二、《有限空间作业事故安全施救指南》（应救协调〔2021〕5号）

为指导生产经营单位做好有限空间作业事故应急准备工作，提升有限空间作业事故安全施救能力，防范因施救不当或盲目施救导致事故伤亡扩大，保障救援人员安全与健康，制定本指南。

（一）适用范围

适用于生产经营单位有限空间（也称受限空间或密闭空间）作业事故的应急准备和救援行动。

（二）编制依据

中华人民共和国安全生产法

中华人民共和国突发事件应对法

生产安全事故应急条例

生产安全事故报告和调查处理条例

生产安全事故应急预案管理办法（应急管理部令第2号）

工贸企业有限空间作业安全管理与监督暂行规定（原国家安全生产监督管理总局令第80号）

应急管理部办公厅关于印发危险化学品企业生产安全事故应急准备指南的通知（应急厅〔2019〕62号）

应急管理部办公厅关于印发《有限空间作业安全指导手册》和4个专题系列折页的通知（应急厅函〔2020〕299号）

国家安全监管总局办公厅关于修改用人单位劳动防护用品管理规范的通知（安监总

厅安健〔2018〕3号）

生产经营单位生产安全事故应急预案编制导则（GB/T 29639—2020）

缺氧危险作业安全规程（GB 8958—2006）

个体防护装备选用规范（GB/T 11651—2008）

化学品生产单位特殊作业安全规范（GB 30871—2014）

（三）应急准备

1. 日常应急准备

（1）风险辨识。生产经营单位按照有关法规标准要求，对本单位有限空间作业风险进行辨识，确定有限空间数量、位置以及危险有害因素等，对辨识出的有限空间，设置明显的安全警示标志和警示说明，警示说明包括辨识结果、个体防护要求、应急处置流程等内容。

（2）预案编制。根据风险辨识结果，生产经营单位组织编制本单位有限空间作业事故应急预案或现场处置方案（应急处置卡），或将有限空间作业事故专项应急预案并入本单位综合应急预案，明确人员职责，确定事故应急处置流程，落实救援装备和相关内外部应急资源。应急预案与相关部门和单位应急预案衔接，并按照有关法规标准要求通过评审或论证。

（3）应急演练。生产经营单位将有限空间作业事故应急演练纳入本单位应急演练计划，组织开展桌面推演、现场实操等形式的演练，提高有限空间作业事故应急救援能力。应急演练结束后，对演练效果进行评估，撰写评估报告，分析存在的问题，提出改进措施，修订完善应急预案或现场处置方案（应急处置卡）。

（4）装备配备。生产经营单位针对本单位有限空间危险有害因素及作业风险，配备符合国家法规制度和标准规范要求的应急救援装备，如便携式气体检测报警仪、正压式空气呼吸器、安全带、安全绳和医疗急救器材等，建立管理制度加强维护管理，确保装备处于完好可靠状态。

（5）教育培训。生产经营单位将有限空间作业事故安全施救知识技能培训纳入本单位安全生产教育培训计划，定期开展有针对性的有限空间作业风险、安全施救知识、应急救援装备使用和应急救援技能等教育培训，确保有限空间作业现场负责人、监护人员、作业人员和救援人员了解和掌握有限空间作业危险有害因素和安全防范措施、应急救援装备使用、应急处置措施等。

2. 作业前应急准备

（1）明确应急处置措施。生产经营单位对作业环境进行评估，检测和分析存在的危险有害因素，明确本次有限空间作业应急处置措施并纳入作业方案，确保作业现场负责人、监护人员、作业人员、救援人员了解本次有限空间作业的危险有害因素及应急处置措施。

（2）确定联络信号。作业现场负责人会同监护人员、作业人员、救援人员根据有限空间作业环境，明确声音、光、手势等一种或多种作为安全、报警、撤离、支援的联络信号。有条件的可以使用符合当前作业安全要求的即时通信设备，如防爆对讲机等。

（3）检查装备。结合有限空间辨识情况，作业前，救援人员正确选用应急救援装备，并检查确保处于完好可用状态，发现存在问题的应急救援装备，立即修复或更换。

（四）救援实施

（1）信息报告

事故发生后，作业现场负责人、监护人员立即停止作业，了解受困人员状态，组织开展安全施救，禁止未经培训、未佩戴个体防护装备的人员进入有限空间施救。作业现场负责人及时向本单位报告事故情况，必要时拨打“119”“120”电话报警或向其他专业救援力量求救，单位负责人按照有关规定报告事故信息。

（2）事故警戒

作业现场负责人、监护人员根据救援需要设置警戒区域（包括通风排放口），设立明显警示标志，严禁无关人员和车辆进入警戒区域。

（3）救援防护

① 个体防护。救援人员必须正确穿戴个体防护装备开展救援行动。

② 安全隔离。有限空间内存在可能危及救援人员安全的设备设施、有毒有害物质输入、电能、高温物料及其他危险能量输入等情况，采取可靠的隔离（隔断）措施。

③ 持续通风。使用机械通风设备向有限空间内输送清洁空气，通风排放口远离作业处，直至救援行动结束。当有限空间内含有易燃易爆气体或粉尘时，使用防爆型通风设备；含有毒有害气体时，通风排放口采取有效隔离防护措施。

（4）救援行动

事故发生后，被困人员积极主动开展自救互救，配合救援人员实施救援行动，救援人员针对被困人员所处位置、身体状态、个体防护装备穿戴等不同情况，采取应急救援行动。

① 非进入式救援。被困人员所处位置、身体状态、个体防护装备穿戴等情况，具备从有限空间外直接施救条件的，救援人员在外部通过安全绳等装备将被困人员迅速移出。

② 进入式救援。被困人员所处位置、身体状态、个体防护装备穿戴等情况，不具备从有限空间外直接施救条件的，救援人员进入内部施救。

（5）保持联络

救援人员进入有限空间实施救援行动过程中，按照事先明确的联络信号，与外部人员进行有效联络，并保持通信畅通。

（6）轮换救援

救援人员进入有限空间实施救援持续时间较长时，应实施轮换救援，保持救援人员体力充足，能够持续开展救援行动。

（7）撤离危险区域

出现可能危及救援人员安全的情况，救援人员立即撤离危险区域，安全条件具备后再进入有限空间内实施救援。

（8）医疗救护

被困人员救出后，立即移至通风良好处，具有医疗救护资质或具备急救技能的人员，及时采取正确的院前医疗救护措施，并迅速送医治疗。

（9）清理现场等后续工作

救援行动基本结束后，及时清点核实现场人员、装备，清理事故现场残留的有毒有害物质，同时尽可能保护事故现场，便于后续事故调查及救援评估。必要时开展事故现场环境检测和人员、装备洗消，对参与救援行动人员进行健康检查。

附件：有限空间作业事故安全施救基本流程(图1)

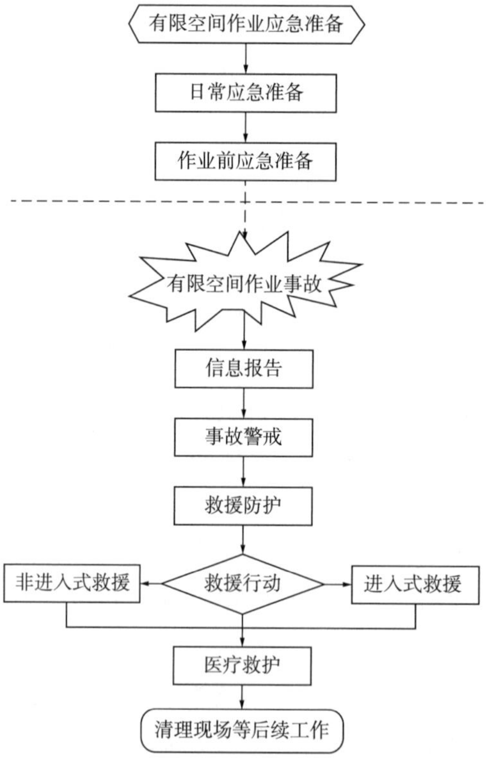

图1　有限空间作业事故安全施救基本流程

三、《缺氧危险作业安全规程》(GB 8958—2006)

有限空间相关要求节选如下：

5 一般缺氧危险作业要求与安全防护措施

5.1 作业前

5.1.1 当从事具有缺氧危险的作业时，按照先检测后作业的原则，在作业开始前，必须准确测定作业场所空气中的氧含量，并记录下列各项：

a) 测定日期；

b) 测定时间；

c) 测定地点；

d) 测定方法和仪器；

e) 测定时的现场条件；

f) 测定次数；

g) 测定结果；

h) 测定人员和记录人员。

在准确测定氧含量前，严禁进入该作业场所。

5.1.2 根据测定结果采取相应措施，并记录所采取措施的要点及效果。

5.2 作业中

在作业进行中应监测作业场所空气中氧含量的变化并随时采取必要措施。在氧含量可能发生变化的作业中应保持必要的测定次数或连续监测。

5.3 主要防护措施

5.3.1 监测人员必须装备准确可靠的分析仪器，并且应定期标定、维护，仪器的标定和维护应符合相关国家标准的要求。

5.3.2 在已确定为缺氧作业环境的作业场所，必须采取充分的通风换气措施，使该环境空气中氧含量在作业过程中始终保持在 0.195 以上。严禁用纯氧进行通风换气。

5.3.3 作业人员必须配备并使用空气呼吸器或软管面具等隔离式呼吸保护器具。严禁使用过滤式面具。

5.3.4 当存在因缺氧而坠落的危险时，作业人员必须使用安全带(绳)，并在适当位置可靠地安装必要的安全绳网设备。

5.3.5 在每次作业前，必须仔细检查呼吸器具和安全带(绳)，发现异常应立即更换，严禁勉强使用。

5.3.6 在作业人员进入缺氧作业场所前和离开时应准确清点人数。

5.3.7 在存在缺氧危险作业时，必须安排监护人员。监护人员应密切监视作业状况，不得离岗。发现异常情况，应及时采取有效的措施。

5.3.8 作业人员与监护人员应事先规定明确的联络信号，并保持有效联络。

5.3.9 如果作业现场的缺氧危险可能影响附近作业场所人员的安全时，应及时通知这些作业场所。

5.3.10 严禁无关人员进入缺氧作业场所，并应在醒目处做好标志。

6 特殊缺氧危险作业要求与安全防护措施

6.1 第5章中的规定均适用于此种作业。

6.2 当作业场所空气中同时存在有害气体时，必须在测定氧含量的同时测定有害气体的含量，并根据测定结果采取相应的措施。在作业场所的空气质量达到标准后方可作业。

6.3 在进行钻探、挖掘隧道等作业时，必须用试钻等方法进行预测调查。发现有硫化氢、二氧化碳或甲烷等有害气体逸出时，应先确定处理方法，调整作业方案，再进行作业。防止作业人员因上述气体逸出而患缺氧中毒综合征。

6.4 在密闭容器内使用氩、二氧化碳或氦气进行焊接作业时，必须在作业过程中通风换气，使氧含量保持在0.195以上。

6.5 在通风条件差的作业场所，如地下室、船舱等，配制二氧化碳灭火器时，应将灭火器放置牢固，禁止随便启动，防止二氧化碳意外泄出。在放置灭火器的位置应设立明显的标志。

6.6 当作业人员在特殊场所(如冷库等密闭设备)内部作业时，如果供作业人员出入的门或窗不能很容易地从内部打开而又无通信、报警装置时，严禁关闭门或窗。

6.7 当作业人员在与输送管道连接的密闭设备内部作业时，必须严密关闭阀门，或者装好盲板。输送有害物质的管道的阀门应有人看守或在醒目处设立禁止启动的标志。

6.8 当作业人员在密闭设备内作业时，一般应打开出入口的门或盖。如果设备与正在抽气或已经处于负压状态的管路相通时，严禁关闭出入口的门或盖。

6.9 在地下进行压气作业时，应防止缺氧空气泄至作业场所。如与作业场所相通的空间中存在缺氧空气，应直接排出，防止缺氧空气进入作业场所。

8 事故应急救援

8.1 对缺氧危险作业场所应制定事故应急救援预案。

8.2 当发现缺氧危险时，必须立即停止作业，让作业人员迅速离开作业现场。

8.3 发生缺氧危险时，作业人员和抢救人员必须立即使用隔离式呼吸保护器具。

8.4 在存在缺氧危险的作业场所，必须配备抢救器具。如：呼吸器、梯子、缆绳以及其他必要的器具和设备。以便在非常情况下抢救作业人员。

8.5 对已患缺氧症的作业人员应立即给予急救和医疗处理。

四、《危险化学品企业特殊作业安全规范》（GB 30871—2022）

有限空间作业相关安全要求节选如下：

6 受限空间作业

6.1 作业前，应对受限空间进行安全隔离，要求如下：

a）与受限空间连通的可能危及安全作业的管道应采用加盲板或拆除一段管道的方式进行隔离；不应采用水封或关闭阀门代替盲板作为隔断措施；

b）与受限空间连通的可能危及安全作业的孔、洞应进行严密封堵；

c）对作业设备上的电器电源，应采取可靠的断电措施，电源开关处应上锁并加挂警示牌。

6.2 作业前，应保持受限空间内空气流通良好，可采取如下措施：

a）打开人孔、手孔、料孔、风门、烟门等与大气相通的设施进行自然通风；

b）必要时，可采用强制通风或管道送风，管道送风前应对管道内介质和风源进行分析确认；

c）在忌氧环境中作业，通风前应对作业环境中与氧性质相抵的物料采取卸放、置换或清洗合格的措施，达到可以通风的安全条件要求。

6.3 作业前，应确保受限空间内的气体环境满足作业要求，内容如下：

a）作业前 0.5h 内，对受限空间进行气体检测，检测分析合格后方可进入；

b）检测点应有代表性，容积较大的受限空间，应对上、中、下（左、中、右）各部位进行检测分析；

c）检测人员进入或探入受限空间检测时，应佩戴 6.6 中规定的个体防护装备；

d）涂刷具有挥发性溶剂的涂料时，应采取强制通风措施；

e）不应向受限空间充纯氧气或富氧空气；

f）作业中断时间超过 1h 时，应重新进行气体检测分析。

6.4 受限空间内气体检测内容及要求如下：

a）氧气含量为 19.5%～21%（体积分数），在富氧环境下不应大于 23.5%（体积分数）；

b）有毒物质允许浓度应符合 GBZ 2.1 的规定；

c）可燃气体、蒸气浓度要求应符合 5.3.2 的规定。

6.5 作业时，作业现场应配置移动式气体检测报警仪，连续检测受限空间内可燃气体、有毒气体及氧气浓度，并2h记录1次；气体浓度超限报警时，应立即停止作业、撤离人员、对现场进行处理，重新检测合格后方可恢复作业。

6.6　进入受限空间作业人员应正确穿戴相应的个体防护装备。进入下列受限空间作业应采取如下防护措施：

a）缺氧或有毒的受限空间经清洗或置换仍达不到6.4要求的，应佩戴满足GB/T 18664要求的隔绝式呼吸防护装备，并正确拴带救生绳；

b）易燃易爆的受限空间经清洗或置换仍达不到6.4要求的，应穿防静电工作服及工作鞋，使用防爆工器具；

c）存在酸碱等腐蚀性介质的受限空间，应穿戴防酸碱防护服、防护鞋、防护手套等防腐蚀装备；

d）在受限空间内从事电焊作业时，应穿绝缘鞋；

e）有噪声产生的受限空间，应佩戴耳塞或耳罩等防噪声护具；

f）有粉尘产生的受限空间，应在满足GB 15577要求的条件下，按GB 39800.1要求佩戴防尘口罩等防尘护具；

g）高温的受限空间，应穿戴高温防护用品，必要时采取通风、隔热等防护措施；

h）低温的受限空间，应穿戴低温防护用品，必要时采取供暖措施；

i）在受限空间内从事清污作业，应佩戴隔绝式呼吸防护装备，并正确拴带救生绳；

j）在受限空间内作业时应配备相应的通信工具。

6.7　当一处受限空间存在动火作业时，该处受限空间内不应安排涂刷油漆、涂料等其他可能产生有毒有害、可燃物质的作业活动。

6.8　对监护人的特殊要求：

a）监护人应在受限空间外进行全程监护，不应在无任何防护措施的情况下探入或进入受限空间；

b）在风险较大的受限空间作业时，应增设监护人员，并随时与受限空间内作业人员保持联络；

c）监护人应对进入受限空间的人员及其携带的工器具种类、数量进行登记，作业完毕后再次进行清点，防止遗漏在受限空间内。

6.9　受限空间作业应满足的其他要求：

a）受限空间出入口应保持畅通；

b）作业人员不应携带与作业无关的物品进入受限空间；作业中不应抛掷材料、工器具等物品；在有毒、缺氧环境下不应摘下防护面具；

c）难度大、劳动强度大、时间长、高温的受限空间作业应采取轮换作业方式；

d）接入受限空间的电线、电缆、通气管应在进口处进行保护或加强绝缘，应避免与人员出入使用同一出入口；

e）作业期间发生异常情况时，未穿戴6.6规定个体防护装备的人员严禁入内救援；

f）停止作业期间，应在受限空间入口处增设警示标志，并采取防止人员误入的措施；

g）作业结束后，应将工器具带出受限空间。

6.10 受限空间安全作业票有效期不应超过24h。

五、《消防应急救援 作业规程》（GB/T 29179—2012）

有限空间相关要求节选如下：

5.9 受限空间救援作业规程

5.9.1 侦察检测

侦察检测主要包含以下程序：

a）了解事故类别、事故现场及周边区域的道路、交通、水源等情况；

b）了解遇险人员的位置、数量和伤亡情况；

c）了解受限空间的结构、设施等情况；

d）检测受限空间内空气状况；

e）评估现场救援处置所需的人力、器材装备及其他资源。

5.9.2 警戒疏散

警戒疏散主要包含以下程序：

a）根据侦察检测情况确定警戒范围，划定警戒区，设置警戒标志；

b）疏散非救援人员，禁止无关车辆、人员进入现场；

c）实施现场管理，动态监测现场情况。

5.9.3 安全防护

安全防护主要包含以下程序：

a）救援人员须佩戴有他救接头的呼吸器，携带备用逃生面罩、通信、照明以及绳索等器材装备。进行井下救援时，如井下有水，救援人员应着救生衣或潜水服装，并使用移动供气源。

b）安全员对救援人员的安全防护进行检查，做好记录。

c）与进入受限空间内的救援人员保持联系，时时掌握情况并做好接应准备。

5.9.4 人员搜救及险情排除

人员搜救及险情排除主要包含以下程序：

a）分析现场情况，充分考虑救助过程中可能存在的危险因素，确定救援行动方案；

b）对所需进入空间的空气进行持续性或者经常性的监测；

c）进一步侦察探测，确定遇险人员具体位置；

d）尝试与遇险人员建立联系，如有呼吸问题，通过风机送风或吊放氧气（空气）瓶等方式，确保遇险人员能够正常呼吸；

e）采用破拆、撑顶、绳索救援等方法救助遇险人员；

f）遇险人员如受伤或不能行动，可采用躯/肢体固定气囊、包扎带等紧急包扎，使用多功能担架、伤员固定抬板等转移伤员，交由医疗急救人员进行救护。

5.9.5 现场清理

现场清理主要包含以下程序：

a）对事故现场复查，确认现场已无遇险人员；

b）做好登记统计，核实获救人数；

c）清点救援人员，收集、整理器材装备；

d）撤除警戒，做好移交，安全撤离。

六、《城镇排水管道维护安全技术规程》（CJJ 6—2009）

有限空间相关要求节选如下：

5 井下作业

5.1 一般规定

5.1.1 井下清淤作业宜采用机械作业方法，并严格控制人员进入管道内作业。

5.1.4 维护作业单位必须制定井下作业安全生产责任制，并在作业中落实。

5.1.5 井下作业时，必须配备气体检测仪器和井下作业专用工具，并培训作业人员掌握正确的使用方法。

5.1.9 下井作业前，维护作业单位应做好下列工作：

（1）应查清管径、水深、潮汐、积泥厚度等；

（2）应查清附近工厂污水排放情况，并做好截流工作；

（3）应制定井下作业方案，并尽量避免潜水作业；

（4）应对作业人员进行安全交底，告知作业内容和安全防护措施及自救互救的方法；

（5）应做好管道的降水、通风以及照明、通信等工作；

（6）应检查下井专用设备是否配备齐全、安全有效。

5.1.11 井下作业除必须符合本规程第5.1.10条的规定外，还应符合下列规定：

（1）井内水泵运行时严禁人员下井；

(2) 作业人员应佩戴供压缩空气的隔离式防护装具、安全带、安全绳、安全帽等防护用品；

(3) 作业人员上、下井应使用安全可靠的专用爬梯；

(4) 监护人员应密切观察作业人员情况，随时检查空压机、供气管、通信设施、安全绳等下井设备的安全运行情况，发现问题及时采取措施；

(5) 下井人员连续作业时间不得超过 1h；

(6) 传递作业工具和提升杂物时，应用绳索系牢，井底作业人员应躲避；

(7) 潜水作业应符合现行行业标准《公路工程施工安全技术规程》JTJ 076 的相关规定；

(8) 当发现有中毒危险时，必须立即停止作业，并组织作业人员迅速撤离现场；

(9) 作业现场应配备应急装备、器具。

5.1.12 下列人员不得从事井下作业：

(1) 年龄在 18 岁以下和 55 岁以上者；

(2) 在经期、孕期、哺乳期的女性；

(3) 有聋、哑、呆、傻等严重生理缺陷者；

(4) 患有深度近视、癫痫、高血压，过敏性气管炎、哮喘、心脏病等严重慢性病者；

(5) 有外伤、疮口尚未愈合者。

5.2 通风

5.2.1 通风措施可采用自然通风和机械通风。

5.2.2 井下作业前，应开启作业井盖和其上下游井盖进行自然通风，且通风时间不应小于 0.5h。

5.2.3 当排水管道经过自然通风后，井下气体浓度仍不符合本规程第 5.3.2、5.3.3 条的规定时，应进行机械通风。

5.2.4 管道内机械通风的平均风速不应小于 0.8m/s。

5.2.5 有毒有害、易燃易爆气体浓度变化较大的作业场所应连续进行机械通风。

5.2.6 通风后，井下的含氧量及有毒有害、易燃易爆气体浓度必须符合本规程第 5.3 节的有关规定。

5.3 气体检测

5.3.1 气体检测应测定井下的空气含氧量和常见有毒有害、易燃易爆气体的浓度和爆炸范围。

5.3.2 井下的空气含氧量不得低于 19.5%。

5.3.3 井下有毒有害气体的浓度除应符合国家现行有关标准的规定外，常见有毒有害、易燃易爆气体的浓度和爆炸范围还应符合表 5.3.3 的规定。

表 5.3.3 常见有毒有害、易燃易爆气体的浓度和爆炸范围

气体名称	相对密度（取空气相对密度为 1）	最高容许浓度/（mg/m³）	时间加权平均容许浓度/（mg/m³）	短时间接触容许浓度/（mg/m³）	爆炸范围/%（体积）	说明
硫化氢	1.19	10			4.3～45.5	
一氧化碳	0.97		20	30	12.5～74.2	非高原
		20				海拔 2000～3000m
		15				海拔高于 3000m
氰化氢	0.94	1			5.6～12.8	
溶剂汽油	3.00～4.00		300		1.4～7.6	
一氧化氮	1.03		15		不燃	
甲烷	0.55				5.0～15.0	
苯	2.71		6	10	1.45～8.0	

注：最高容许浓度指工作地点、在一个工作日内、任何时间有毒化学物质均不应超过的浓度。时间加权平均容许浓度指以时间为权数规定的 8h 工作日、40h 工作周的平均容许接触浓度。短时间接触容许浓度指在遵守时间加权平均容许浓度前提下容许短时间(15min)接触的浓度。

5.3.4 气体检测人员必须经专项技术培训，具备检测设备操作能力。

5.3.5 应采用专用气体检测设备检测井下气体。

5.3.6 气体检测设备必须按相关规定定期进行检定，检定合格后方可使用。

5.3.7 气体检测时，应先搅动作业井内泥水，使气体充分释放，保证测定井内气体实际浓度。

5.3.8 检测记录应包括下列内容：

（1）检测时间；

（2）检测地点；

（3）检测方法和仪器；

（4）现场条件(温度、气压)；

（5）检测次数；

（6）检测结果；

（7）检测人员。

5.3.9 检测结论应告知现场作业人员，并应履行签字手续。

5.4 照明和通信

5.4.1 作业现场照明应使用便携式防爆灯，照明设备应符合现行国家标准《爆炸性气体环境用电气设备 第 14 部分：危险场所分类》GB 3836.14 的相关规定。

5.4.2 井下作业面上的照度不宜小于 50lx。

5.4.3 作业现场宜采用专用通信设备。

5.4.4 井上和井下作业人员应事先规定明确的联系方式。

6 防护设备与用品

6.0.1 井下作业时，应使用隔离式防毒面具，不应使用过滤式防毒面具和半隔离式防毒面具以及氧气呼吸设备。

6.0.2 潜水作业时应穿戴隔离式潜水防护服。

6.0.3 防护设备必须按相关规定定期进行维护检查。严禁使用质量不合格的防毒和防护设备。

6.0.4 安全带、安全帽应符合现行国家标准《安全带》(GB 6095)和《安全帽》(GB 2811)的规定，应具备国家安全和质检部门颁发的安鉴证和合格证，并应定期进行检验。

6.0.5 安全带应采用悬挂双背带式安全带。使用频繁的安全带、安全绳应经常进行外观检查，发现异常立即更换。

6.0.6 夏季作业现场应配置防晒及防暑降温药品和物品。

6.0.7 维护作业时配备的皮叉、防护服、防护鞋、手套等防护用品应及时检查、定期更换。

7 中毒、窒息应急救援

7.0.1 维护作业单位必须制定中毒、窒息等事故应急救援预案，并应按相关规定定期进行演练。

7.0.2 作业人员发生异常时，监护人员应立即用作业人员自身佩戴的安全带、安全绳将其迅速救出。

7.0.3 发生中毒、窒息事故，监护人员应立即启动应急救援预案。

7.0.4 当需下井抢救时，抢救人员必须在做好个人安全防护并有专人监护下进行下井抢救，必须佩戴好便携式空气呼吸器、悬挂双背带式安全带，并系好安全绳，严禁盲目施救。

7.0.5 中毒、窒息者被救出后应及时送往医院抢救；在等待救援时，监护人员应立即施救或采取现场急救措施。

七、《电力管道有限空间作业安全技术规范》(DL/T 2520—2022)

有限空间作业相关安全要求节选如下：

5 作业程序

5.1 作业前准备

5.1.1 作业小组应在作业前结合当次作业的电力管道有限空间结构环境、检测结果(包含历史气体检测结果、水质检测结果、水中挥发性有机物检测结果等)和作业内容进行作业风险评估，辨识可能存在的危险有害因素，提出安全防护措施和应急救援措施，填写《电力管道有限空间作业审批单》。

5.1.2　审批单应通过审批责任人审批同意后方可开展作业。

5.1.3　作业小组人数应符合作业需要，并应至少指定1名作业负责人和1名专职监护者。

5.1.4　作业小组应配备满足作业安全需要的检测设备、安全防护设备、个体防护用品、应急救援设备，并进行设备检查，发现问题应立即更换。

5.1.5　作业负责人应向实施作业的全体人员进行安全交底，告知作业内容、主要危险有害因素、作业安全要求及应急处置方案等内容，并履行签字确认手续。

5.2　安全隔离

5.2.1　作业小组在作业前应使用围挡设施封闭作业区域，并在出入口周边显著位置设置符合GB 2894要求的安全警示标志标识或安全告知牌。安全告知牌样式见附录B。

5.2.2　夜间实施作业，作业小组应在作业区域周边显著位置设置警示灯，地面作业人员应穿戴高可视警示服，高可视警示服应至少满足GB 20653规定的1级要求，使用的反光材料应符合GB 20653规定的3级要求。

5.2.3　占用道路进行作业时，作业小组应符合当地道路交通管理部门关于道路作业的相关规定。

5.2.4　存在可能危及安全的设备设施、物料及能源时，作业小组应采取封闭、封堵、切断能源等可靠的隔离(隔断)措施，并上锁挂牌或设专人看管，防止无关人员意外开启或移除隔离设施。

5.3　开启井盖

5.3.1　工作井井盖上有预留孔的，应在井盖开启前使用泵吸式气体检测报警仪检测井口处是否存在可燃性气体、蒸气，并检测其浓度。

5.3.2　存在以下任一情况的，开启时应采取相应的防爆措施：

a) 开井前检测结果显示存在可燃性气体、蒸气的。

b) 水质检测结果表明存在挥发性、可燃性物质的。

5.3.3　作业者应站在上风侧开启井盖，进行通风，通风时间不应少于0.5h。

5.4　抽水与清淤

5.4.1　电力管道有限空间水位深度大于300mm时，应进行抽水作业。

5.4.2　电力管道有限空间中存在淤泥的，应进行清淤作业。

5.4.3　进行抽水、清淤作业时，确需进入有限空间内部时，应先进行有毒有害气体检测。

5.5　气体检测

5.5.1 作业小组应在作业前对电力管道有限空间进行气体检测，检测内容应至少包含氧气、可燃性气体、硫化氢、一氧化碳。当有限空间内气体环境复杂，作业单位不具备检测能力时，应委托具有相应检测能力的单位进行检测。

5.5.2 检测点应设置在电力管道有限空间上、中、下不同高度，水平方向的检测由近至远，至少进行进出口近端点和远端点两点检测。

5.5.3 气体检测结果应符合：

a）氧气含量 19.5%~23.5%。

b）可燃性气体、蒸气浓度低于爆炸下限的 10%。

c）有毒有害气体、蒸气浓度不大于 GBZ 2.1—2019 规定的职业接触限值中待测物质的最低限值。常见有毒有害、易燃易爆物质检测指标见附录 C。

5.5.4 气体检测结果应如实记录，内容应包括检测时间、检测位置、检测结果。检测人员应在记录上签字确认。

5.5.5 存在以下情况的，作业小组应进行二次检测：

a）初次检测结果不符合本文件 5.5.3 的要求；

b）气体检测时间与作业者进入作业时间间隔 10min 以上。

5.5.6 气体检测设备应定期进行检定，检定合格后方可使用。

5.5.7 电力管道有限空间内气体浓度检测合格后方可作业，严禁盲目作业或救援。

5.6 机械通风

5.6.1 当电力管道有限空间内气体环境未达到本文件 5.5.3 的要求时，应进行机械通风，通风时间不应少于 20min。

5.6.2 作业环境存在爆炸危险的，应使用防爆型通风设备。

5.6.3 应向电力管道有限空间内输送清洁空气，严禁使用纯氧进行通风。

5.6.4 采用移动式管道通风机时，风管出风口应放置在电力管道有限空间的中下部。

5.6.5 电力隧道作业宜设置“一送一排”通风系统。

5.6.6 电力隧道设置固定机械通风系统的，机械通风风速不应大于 5m/s，隧道内换气不应小于 2 次/h，并且应在作业期间全程运行。

5.7 电气设备和照明安全

5.7.1 进入含有易燃易爆气体、蒸气的电力管道有限空间作业，应使用符合 GB/T 3836.1 要求的防爆型电气设备、照明用具、手持工具。

5.7.2 进入有积水、结露的电力管道有限空间作业，手持工具、手持照明设备电压不应大于 12V。

5.8 个体防护

5.8.1 作业者应按以下要求配备呼吸防护用品进入电力管道有限空间作业：

a）气体检测结果显示有限空间内氧气含量合格，无有毒有害、易燃易爆气体，作业者进入电力隧道应携带隔绝式逃生呼吸器，进入工作井宜携带隔绝式逃生呼吸器。

b）气体检测结果显示有限空间内氧气含量合格，存在有毒有害、易燃易爆气体但浓度不超标，作业者应穿戴正压式隔绝式呼吸防护用品，如长管呼吸器或正压式空气呼吸器。

c）气体检测结果显示有限空间内氧气含量不合格，存在有毒有害、易燃易爆气体且浓度超标，作业者应穿戴正压式空气呼吸器。

5.8.2　作业者应穿戴全身式安全带、安全绳。安全绳应固定在三脚架等可靠挂点上，连接牢固。作业者在工作井内作业时，安全绳不应与作业者脱离。

5.8.3　作业者使用安全带、安全绳时，应选用速差式自控器、缓冲器等防护用品配合。

5.8.4　作业者应穿戴带电绝缘性能的安全帽、电绝缘鞋、绝缘手套。涉水作业应穿着电绝缘靴。

5.8.5　水质检测结果显示存在刺激或腐蚀性化学品的，防护用品应具备化学品防护功能。

5.9　作业及监护

5.9.1　进入前气体检测结果显示有限空间内氧气含量不合格，或有毒有害、易燃易爆气体浓度超标时，不应进入作业。若必须作业，应全程机械通风，并依据本文件5.8.1的要求使用呼吸防护用品后，方可进入。

5.9.2　作业负责人确认作业环境、安全防护措施、个体防护用品符合要求后，方可安排作业者进入作业。

5.9.3　作业过程中，作业者应携带便携式气体检测报警设备连续监测作业面气体浓度。

5.9.4　作业过程中通风应符合以下要求：

a）气体检测结果显示有限空间内氧气含量合格，无有毒有害、易燃易爆气体，应至少保持良好的自然通风。

b）气体检测结果显示有限空间内氧气含量合格，存在有毒有害、易燃易爆气体但浓度不超标，应持续机械通风。

c）电力管道有限空间内实施动火、涂装等可能产生危险有害物质的作业，应持续机械通风。

5.9.5　地面应设置专职监护人，作业过程应负责以下工作：

a）应使用适当的通信设备或方式与作业者持续保持沟通和联系，掌握作业情况。

b）应使用泵吸式气体检测报警仪实时检测电力管道作业区域气体环境。

c）应在出现异常时发出撤离命令。

d）应在出现事故时协助应急救援。

e）应防止未经许可的人员进入作业区域。

5.9.6 作业者应遵守作业安全操作规程，正确使用安全防护设备与个体防护用品，并与监护者进行信息沟通。

5.9.7 作业负责人应安排作业者轮换作业和休息，作业者不应长时间在有限空间内实施作业，连续作业时间应符合：

a）气体检测结果显示有限空间内氧气含量合格，无有毒有害、易燃易爆气体的，作业时间不应超过2h。

b）气体检测结果显示有限空间内氧气含量合格，存在有毒有害、易燃易爆气体但浓度不超标的，作业时间不应超过1h。

c）气体检测结果显示有限空间内氧气含量不合格，存在有毒有害、易燃易爆气体且浓度超标的，作业时间不应超过0.5h。

5.9.8 作业期间发生下列情况之一时，作业者应立即撤离有限空间：

a）作业者出现身体不适。

b）安全防护设备或个体防护用品失效。

c）气体检测报警仪报警。

d）监护者或作业负责人下达撤离命令。

e）其他可能危及作业安全的情况。

5.10 作业结束及清理

5.10.1 监护人应清点人员及设备数量，确保有限空间内无人员和设备遗留后，关闭出入口。

5.10.2 作业小组应在清理现场后，解除作业区域封闭措施并撤离现场。

八、《烟草企业有限空间作业安全技术规范》（YC/T 613—2024）

有限空间作业相关安全要求节选如下：

5 作业前准备

5.1 作业方案制定

5.1.1 作业单位针对作业场所及作业过程中存在或可能存在的安全风险，提出消除、控制风险的措施，制定作业方案。作业方案应经作业单位安全管理人员审核，负责人批准。

5.1.2 作业单位应按照有限空间作业方案，明确作业负责人、监护者、作业者及其职责。

5.2 作业审批

5.2.1 作业前，作业单位应进行作业审批。有限空间作业审批表应经作业单位安全管理人员审核，负责人批准。涉及发包作业的，作业审批表还应经发包单位安全生产管理人员审核，负责人批准并签字确认。

5.2.2 有限空间作业审批表应至少包括有限空间名称，作业单位(部门)名称，作业内容，作业时间，作业人员，作业可能存在的危险有害因素，主要安全防护措施，审核、审批责任人意见及签字项等内容。审批表见附录D。审批记录作为入场作业和监督管理的依据。

5.2.3 审批有效期不应超过72h，如遇风险发生变化，应重新制定作业方案并办理审批。若地方有标准有要求，从其规定。审批记录应存档保存至少1年。

5.3 安全交底

5.3.1 作业前，作业负责人应对监护者和作业者进行安全交底。交底方与被交底方签字确认，并保存交底记录。

5.3.2 交底应包括有限空间概况、内部设施及外部环境和主要危险源等内容，还应包括作业内容、作业方案、主要危险源、作业安全要求、应急处理措施等内容。并留存记录。

5.4 设备设施检查

5.4.1 作业前，作业负责人、监护者、作业者应对安全防护设备、个体防护装备、应急救援设备设施、作业设备和工具的齐备性和安全性进行检查，发现问题应立即补充、修复或更换。当有限空间可能存在易燃易爆环境时，设备和用具应符合相应国家标准要求。电气设备和照明的安全技术要求应符合6.6的要求。

5.4.2 作业单位应根据作业环境和作业内容，配备安全防护设备。安全防护设备设施配置种类及数量应符合附录E的规定。

5.4.3 作业单位应配备应急救援设备设施，配置种类及数量应符合附录F规定。

5.5 封闭作业区域及安全警示

5.5.1 作业前，作业单位应封闭作业区域，并在出入口周边显著位置设置有限空间作业信息公示牌和有限空间作业安全告知牌。有限空间作业信息公示牌见附录G，有限空间作业安全告知牌见附录H。

5.5.2 夜间实施室外作业，应在作业区域周边显著位置设置警示灯，地面作业者应穿戴高可视警示服，高可视警示服应至少满足GB 20653规定的1级要求，使用的反光材料应符合GB 20653规定的3级要求。

5.5.3 占用道路进行有限空间作业，在作业区域周边设置交通安全设施。在交通复杂区域开展有限空间作业时，应有专人进行交通疏导，协调车辆安全通行。

5.6 开启出入口进行自然通风

作业者站在有限空间外上风侧，打开进出口进行自然通风。可能存在爆炸危险的，开启时应采取防爆措施。作业者开启时可能接触有限空间内涌出的有毒有害气体的，应佩戴相应的呼吸防护用品。

5.7 安全隔离

存在可能危及有限空间作业安全的物料、能量及设备设施时，应在作业前采取封堵、关闭、移除等可靠的隔离(隔断)措施。

5.8 清除置换

有限空间内盛装或残留的物料对作业存在危害时，应在作业前对物料进行清洗、清空或置换。

5.9 初始气体检测评估

5.9.1 根据有限空间作业场所可能存在的气体种类进行针对性采样分析，但至少应检测氧气、可燃气体、硫化氢和一氧化碳。检测时间不应早于作业开始前30min。

5.9.2 当有限空间内气体环境复杂，作业单位不具备检测能力时，应委托具有相应检测能力的单位进行检测。

5.9.3 有限空间内仍存在未清除的积水、积泥或物料残渣时，应先在有限空间外利用长柄工具进行充分搅动，使有毒有害气体充分释放。

5.9.4 检测人员应在有限空间外的上风侧使用泵吸式气体检测报警仪进行检测。若受出入口周边区域限制，检测人员可能受到内部涌出气流冲击时，应佩戴相应的呼吸防护用品。

5.9.5 气体检测仪器使用前，外观检查合格后，在洁净空气下开机，确认“零点”正常后再进行检测；若数据异常，应先进行手动“调零”。

5.9.6 检测应从出入口开始，沿人员进入有限空间的方向进行。竖直方向由上至下、水平方向由近至远。检测点的确定应满足以下要求：

a）竖直方向检测的，设置检测点数量不应少于3个，上、下检测点距离有限空间顶部和底部均不应超过1m，中间检测点均匀分布，检测点之间的距离不应超过8m；

b）水平方向检测的，设置检测点数量不应少于2个，近端点距离有限空间出入口不应小于0.5m，远端点距离有限空间出入口不应小于2m。

5.9.7 检测记录应经检测人员签字确认，并归档保存至少1年。气体检测记录表示例见附录I。

5.9.8 除有特殊工艺要求外，气体检测结果应满足如下条件时，方可实施作业：

a）氧气含量为19.5%~21%(体积分数)，在富氧环境下不应大于23.5%(体积分数)；

b）可燃气体、蒸气浓度不大于爆炸下限的10%；

c）有毒物质允许浓度应符合GBZ 2.1的规定，有限空间作业常见有毒气体浓度判定限值见附录 J。

5.10 机械通风

有限空间内气体浓度不合格的，应进行连续机械通风。通风时应注意：

a）作业环境存在爆炸危险的，应使用防爆型通风设备；

b）应向有限空间输送清洁空气，不应采用纯氧通风换气；

c）有限空间仅有 1 个出入口时，应将通风设备出风口置于作业区底部进行送风，且不应触及有限空间底部；有限空间有 2 个或 2 个以上出入口、通风口时，应在邻近作业者处进行送风，远离作业者处进行排风；

d）有限空间设置固定机械通风系统的，作业过程应全程运行。

5.11 再次检测评估

5.11.1 机械通风后，应按照 5.9 规定对作业环境进行再次气体检测。

5.11.2 根据再次检测评估结果，符合 5.9.7 要求，可实施作业。检测结果不合格的，不应进入有限空间作业，应继续按照 5.10 进行通风，直至检测符合作业条件。

5.12 作业前现场确认

作业实施前，作业负责人、安全管理人员应依据审批后的作业方案、措施进行现场确认，并在现场显著位置设置有限空间作业信息公示牌，见附录 G。

九、《生产安全事故应急救援评估规范》（AQ 9012—2023）

有限空间作业事故应急救援评估相关要求节选如下：

7 评估内容

7.1 事故单位应急救援情况评估

7.1.1 应急准备

应急准备的评估应包括但不限于：

a）事故单位开展风险辨识评估、编制应急预案情况，预案针对性和可操作性，预案备案及维护、更新情况；

b）事故单位开展应急演练和演练评估情况；

c）事故单位建立专（兼）职应急救援队伍（人员）、按规定配备值班人员和开展应急知识宣传教育培训情况；

d）事故单位应急组织架构、应急装备设施与物资保障和维护保养情况。

7.1.2 预警

事故单位安全生产风险监测预警装置或系统发出警报信息情况，以及事故单位针对警情所采取相关措施情况。

7.1.3 应急响应

7.1.3.1 信息报送

信息报送的评估应包括但不限于：

a）事故发生后，事故现场人员按规定报告本单位负责人情况；

b）事故单位按规定报告政府相关部门情况；

c）事故单位信息报送的及时、准确、完整情况；

d）对存在迟报、谎报、瞒报事故的情况，应加以说明。

7.1.3.2 先期处置

先期处置的评估应包括但不限于：

a）事故单位启动应急救援预案情况；

b）事故单位迅速采取有效措施控制危险源，组织抢救遇险人员，防止事故危害扩大情况；

c）事故单位组织营救被困人员，疏散、撤离、安置受到威胁的人员情况；

d）事故单位及时通知可能受到事故影响的单位和人员情况；

e）事故单位采取措施防范次生、衍生事故情况；

f）事故单位请求应急救援队伍参加救援并支持配合救援队伍情况；

g）维护事故现场秩序，保护事故现场和证据情况。

7.1.4 配合现场开展救援工作

7.1.4.1 应急联动

事故单位配合和支持参与应急救援的队伍及其他应急救援力量开展救援情况。

7.1.4.2 现场管理

现场管理的评估应包括但不限于：

a）事故单位采取有效措施维护现场秩序情况；

b）事故单位保护现场和证据情况。

7.1.5 应急保障

应急保障的评估应包括但不限于：

a）专业技术保障情况；

b）救援队伍、物资装备及后勤保障情况。

7.2 事发地人民政府及参与处置和救援的部门、单位应急救援情况评估

7.2.1 应急准备

根据事故级别，事发地人民政府及参与处置和救援的部门、单位应急准备情况的评估应包括但不限于：

a）事发地人民政府应急组织机构设置、人员编制、职责界定，以及应急救援专家组建立情况；

b）应急预案编制前风险评估与应急资源调查情况，应急预案编制和修订工作开展情况，应急预案针对性、可操作性和要素完整有效情况；

c）组织开展应急演练情况；

d）应急知识宣传教育培训情况；

e）应急值班制度和应急值班人员落实情况；

f）应急救援队伍建设、日常训练情况以及救援队伍人员具备必要的专业知识、技能、身体素质和心理素质情况。

7.2.2　应急响应

7.2.2.1　信息接收、流转和报送

信息接收、流转和报送的评估应包括但不限于：

a）接收事故信息的及时性；

b）上报事故信息的及时性和准确性；

c）信息报告的内容完整性；

d）信息在部门间的共享情况。

7.2.2.2　启动响应

事故发生后，事发地人民政府根据研判及时启动相应级别的应急响应情况。

7.2.3　应急处置

7.2.3.1　现场指挥

现场指挥的评估应包括但不限于：

a）现场指挥部及指挥场所成立情况；

b）现场指挥部下设工作组情况、各工作组的分工及协同救援情况；

c）现场指挥部对事故现场传达指令、进行管控及指挥权移交情况；

d）现场指挥部抢险救援方案的制定以及应急救援队伍落实方案情况；

e）现场管理、交通管制、医疗卫生、环境监测、舆情引导协调联动情况。

7.2.3.2　应急救援队伍和装备资源调动

应急救援队伍和装备资源调动的评估应包括但不限于：

a）向应急救援队伍下达救援命令、调动应急救援队伍情况；

b）调用和征用应急资源、物资装备情况；

c）应急救援队伍物资装备使用情况。

7.2.3.3　医疗救治和善后处置

a）组织抢救遇险人员，救治受伤人员，安抚伤亡人员家属以及维护社会稳定情况；

b）通知可能受到事故影响的单位和人员避险安置情况。

7.2.3.4　防止事故危害扩大和防控环境影响的措施

防止事故危害扩大和防控环境影响措施的评估应包括但不限于：

a）有效研判事故发展趋势以及可能造成的危害情况；

b）采取有效措施防止事故危害扩大和防范次生、衍生事故情况；

c）采取必要的措施减少事故对环境造成的危害情况。

7.2.3.5　现场秩序维护

现场秩序维护的评估应包括但不限于：

a）按照要求隔离事故现场，划定警戒区域，有效维护现场秩序情况；

b）及时疏散和安置事故可能影响的人员情况；

c）对现场周边及有关区域实行交通管制情况。

7.2.3.6　信息发布和舆情引导

评估事故有关情况和应急救援工作信息发布的及时性，以及舆情引导的有效性。

7.2.4　应急保障

应急保障情况的评估应包括但不限于：

a）专业技术保障情况；

b）救援队伍、物资装备和后勤保障情况；

c）应急、公安、卫健、电力、通信、供水、燃气、气象、城管、交通、环保部门救援力量及物资装备保障情况。

附录 B
(资料性)
生产安全事故应急救援评估报告编制大纲

B. 1　应急救援基本情况

B. 1. 1　事故单位情况

B. 1. 2　事故发生简要经过

B. 1. 3　事故应急处置概况

B. 2　应急准备情况

B. 2. 1　事故单位应急准备情况

B. 2. 2　事发地人民政府及相关部门、单位应急准备情况

B. 3　预警情况

事故单位在事故发生前预警情况。

B. 4　应急处置过程

B. 4. 1　信息接报

B. 4. 2　企业先期处置

B. 4. 3　事发地人民政府及相关部门应急响应、组织指挥、救援主要过程、人员救治与伤亡情况、信息发布和舆情引导、善后处置

B. 5　应急保障情况

B. 5. 1　专业技术保障

B. 5. 2　救援队伍及物资装备保障

B. 5. 3　其他救援力量及物资装备保障

B. 6　事故特点及救援难点

系统总结事故特点，分析救援过程中存在的难点。

B. 7　应急救援评估意见

B. 7. 1　应急救援评估结论

B. 7. 2　救援经验做法

B. 7. 3　事故涉及单位具体责任

B. 7. 4　存在的主要问题和教训

B. 7. 5　对应当承担事故责任的人员和单位提出处理建议

B. 8　工作建议

提出改进应急救援工作的措施建议。

B. 9　附件

提供证据文件或图表。

附录二 常见有限空间类型举例

一、矿山行业

(1) 煤矿：盲巷、采空区、通风不良巷道、煤仓、水仓、水泵房、独头排瓦斯、采煤工作面上下隅角、各类硐室、筒仓、污水井、给水井、管道井、排水管道、注氮管路、瓦斯管路。

(2) 非煤矿山：尾矿库排洪隧洞、各类采空区、垮落区、各类封闭半封闭的盲巷、盲竖井、盲斜井、设备运输及车辆掉头巷道、溜道井筒、破碎料仓、水仓、水泵房、配电室、绞车房、钻场、凿岩硐室、避难硐室、等候硐室、提升罐笼。

二、化工行业

供料锅、反应釜、配料锅、精馏釜等；吸收塔、分离塔、精馏塔等；缓冲槽、液位槽、储槽等；分离器、集尘器、除尘器、压力容器等，管道，风道、烟道、窑，转炉等；原油、成品油、烃类等物料储罐，泵池、密闭或半封闭的应急池、收集池、沉淀池，污水处理系统的厌氧池、好氧池等；地下阀室、消防井、窨井等。

三、工贸行业

(一) 冶金行业

(1) 工艺炉窑：均热炉、热风炉、高炉、转炉、电炉、精炼炉、加热炉、退火炉、常化炉、罩式炉、沸腾炉、干燥机、回转窑等。

(2) 槽罐：燃料罐、氮气球罐、重油罐、汽油罐、碱水罐、鱼雷罐、铁水罐、钢水罐、中间罐、渣罐等。

(3) 煤气相关设备设施：发生炉、管道、煤气柜、排水器房、风机房、煤气排送机间、阀门室等。

(4) 地坑：精炼炉地坑、铸造坑、泵坑等。

(5) 公辅设备设施：锅炉、锅炉过热器；空分塔、水冷塔；使用六氟化硫的高压电控室；电缆坑(井)、地下液压室、地下油库、焦炉地下室；污水处理池(井)、密闭循环水池、地下排污隧道；给排水等管道；磨机、一二次混合机、环冷风箱；脱硫塔、脱硫浆液箱、脱硫流化底仓、料仓、料斗、除尘器、烟道等。

（二）有色行业

（1）工艺炉窑：铸造炉、保持炉、煅烧炉、铝台包、回转窑、石灰炉、熔盐炉、余热锅炉等。

（2）槽罐：压缩空气储罐、真空罐、酸减罐、分解罐、沉降罐、母液罐、稀释罐、精制液体罐、煤气站电捕集罐、车载储槽、电解槽等；原燃料储罐、原料仓。

（3）公辅设备设施：锅炉、除尘器、烟道；蒸汽缓冲器、压煮器、蒸发器、淋洗塔、沉灰室等；生产铝粉、锌粉雾化室等；污水处理池（井）、地下排污隧道等；煤气、给排水等管道；冷却机、磨机、脱硅机等。

（三）建材行业

（1）工艺设备：预热器、分解炉、蒸压釜、篦式冷却机、回转窑、增湿塔、冷却机、烘干机、热风炉、立式磨、球磨机、选粉机、分离器。

（2）煤气相关设备设施：电捕集罐、煤气发生炉及上部密闭空间、排水器室、煤气排送机间、净化设备等。

（3）储库：储罐（仓）、料仓、煤粉库（地坑、仓）、筒形储存库等。

（4）公辅设备设施：锅炉、管道、收粉器、喷雾干燥塔等；除尘器、烟道等；电缆沟、电梯井道等；地坑、水塔（水箱）、蓄水池、窨井、下水道、污水处理池（井）。

（四）机械行业

（1）工艺设备：电炉、冲天炉、工频炉、精炼炉、退火炉、加热炉、燃气（电）干燥炉、保护气氛热处理炉等。

（2）槽罐：电镀（氧化）槽、酸碱槽、电泳槽、浸漆槽。

（3）公辅设备设施：塔（釜），锅炉、压力容器、管道、烟道、地下室、地下仓库、地坑、地下润滑油室、电缆沟、电缆井等；喷漆室、探伤室、铸造坑、除尘器室等，煤气（天然气）转供设备、煤气发生炉等；污水池（井）、下水道、窨井、地下蓄水池等。

（五）轻工行业

（1）工艺设备设施：玻璃窑炉、隧道窑、马蹄炉、退火炉、煤气发生炉、碱回收炉、烤炉、烘缸、汽提塔、脱硫塔、干燥塔、蒸煮塔、氧漂塔、漂白塔、卸料塔、喷放仓、料仓、预蒸仓、反应仓、腌制池等；高压均质机、麻石除尘器、干燥机、水力碎浆机、转鼓、蒸球、喷方仓、预浸器、分离器、流浆箱、黑液槽、汽鼓、汽包、澄清器、消化器、粉碎回收容器等。

（2）槽罐：原材料罐、储糖罐、浸出罐、分离罐、浓缩罐、维持罐、糖化罐、层流罐、调浆罐、发酵罐（池）、种子罐、流加糖罐、维持罐、消泡沫剂罐、结晶罐、奶罐、储油罐、浸出罐、蒸发罐、浓缩罐、分离罐、厌氧罐、饱和罐、酒母罐、储酒罐、酸碱罐、过滤罐、搅拌混合罐、脱色桶等，冷水储槽等。

（3）公辅设备设施：污水池（沟、槽）、盐液池、水处理池、沼气池（罐）、中和池

(桶)、浆池等，原材料仓、恒温库、速冻库(箱)、冷库、蒸发脱水干燥房、地下泵房等，除尘器(沉降室、布袋除尘器等)、烟道等。

(六) 纺织行业

(1) 纺纱工序：清棉设备、清梳联合机设备的混棉箱体。

(2) 织造工序：浆纱机、浆染联合机的烘箱部分。

(3) 染整工序：退煮漂联合机、烧毛机、轧染联合机、热熔染色联合机、碱减量机、液流染色机、气流染色机、经轴染色机、筒子纱染色机、绞纱喷射染色机、绞纱箱式染色机、筒子纱射频烘干机、绞纱烘干机、成衣染色机、散毛染色机、散毛烘干机、罐蒸机等设备的封闭、半封闭烘燥箱、房部位。

(4) 公辅设备设施：锅炉、纺织空调系统的送回风道、除尘室、滤尘室以及消防水箱(池)、除尘地沟(道)、化粪池、蓄水池、窨井、电缆沟、电梯井道等。

(七) 烟草行业

(1) 工艺设备：烘丝筒、润叶(梗)筒、加香(料)筒、滚筒干燥机、浸渍器、流化床、真空回潮机、烟丝膨胀焚烧炉、箱式储丝(叶、梗)柜。

(2) 公辅设备设施：香精香料配制罐、二氧化碳储罐、空压分气缸、真空罐、蒸汽分汽缸、储油罐等；消防水塔(水箱)、锅炉、省煤器锅炉排烟管道、软水箱、除氧水箱、热力除氧器钠离子交换塔、中央空调风柜(风管)除尘器；地下电缆沟、地下室、管道阀门井；烟道、冷库、电梯井道；下水管道、地下水池、污水处理水池等。

(八) 商贸行业

窨井、下水管道、管道阀门井、电梯井道、储罐、锅炉、污水井、化粪池、粮库(仓)、封闭溜管(粮食)、封闭提升机(粮食)、冷库(气调库)等。

四、市政工程行业

热力井、污水井、地下管沟等。

五、电力行业

电缆隧道、电缆管井、污水井、锅炉等。

六、建筑工程

消防水箱、消防水池、二次供水水箱、桩井、污水井等。

七、畜牧业

沼气池、化粪池、污水池、蓄水池、料仓、提升井等。

附录三　有限空间作业资料台账示例

附表 1　有限空间管理台账

序号	有限空间名称	位置	主要危险有害因素	可能事故后果	防护要求	作业形式	审批责任人

附表 2　气体检测记录表

项目	检测位置	检测时间	检测内容及数值					气体检测结果（合格/不合格）
			氧气含量/%（体积）	可燃气体含量/%LEL	硫化氢含量/□ppm □mg/m^3	一氧化碳含量/□ppm □mg/m^3	其他气体含量/□ppm □mg/m^3	
作业前初次气体检测								
作业前再次气体检测								
作业中气体检测								

检测人员（签字）：　　　　　　　　　　　　　　年　　月　　日

附表3　有限空间作业审批表

<table>
<tr><td>有限空间名称</td><td></td><td>作业内容</td><td></td></tr>
<tr><td>作业单位/部门</td><td colspan="3"></td></tr>
<tr><td>作业负责人</td><td></td><td>监护人</td><td></td></tr>
<tr><td>作业人</td><td></td><td>其他作业人员</td><td></td></tr>
<tr><td>计划实施作业时间</td><td colspan="3">年　月　日　时　分至　年　月　日　时　分</td></tr>
<tr><td>可能存在的
危险有害因素</td><td colspan="3"></td></tr>
<tr><td rowspan="2">是否涉及发包作业
□是　□否</td><td>发包单位名称</td><td colspan="2"></td></tr>
<tr><td>发包单位的
现场监督人</td><td colspan="2"></td></tr>
<tr><td>作业
审批
要素</td><td colspan="3">1. 已对有限空间作业进行风险评估，并制定了消除、控制危害的措施。□
2. 已制定有限空间作业事故应急处置措施。□
3. 参加本次作业人员已经过有限空间作业安全培训，并考核合格。□
4. 已配置满足要求的安全防护设备设施和应急救援设备设施。□</td></tr>
</table>

作业负责人审批意见：□批准　□不批准

签字：　　　　年　月　日　时　分

作业单位审批负责人审批意见：□批准　□不批准

签字：　　　　年　月　日　时　分

发包单位审批负责人审批意见（涉及发包单位的填写）：□批准　□不批准

签字：　　　　年　月　日　时　分

续表

实际实施作业时间	年　月　日　时　分至　年　月　日　时　分		
序号	现场主要安全措施	确认结果 （□是　□否）	确认人
1	作业负责人对实施作业的全体人员进行了安全交底		
2	作业现场已封闭，并设置了有限空间作业安全告知牌		
3	作业现场已配置作业安全防护设备设施和应急救援设备设施，数量和种类符合要求，经检查安全、可靠		
4	出入口已安全开启进行自然通风		
5	存在可能危及有限空间作业安全的物料、能量及设备设施的，已采取可靠的隔离（隔断）措施		
6	已在作业前对有限空间内盛装或残留的物料进行了清空、清洗或置换		
7	严格执行“先通风、再检测、后作业”的原则，气体检测结果（见气体检测记录）已符合要求		
8	作业人已佩戴符合要求的个体防护装备		
9	其他安全防护措施：		

作业负责人进入确认意见：□同意　□不同意

签字：　　　　　　　　　　　　　　　　　　　　　　年　月　日　时　分

作业负责人完工验收意见：□通过　□不通过

签字：　　　　　　　　　　　　　　　　　　　　　　年　月　日　时　分

附录四　常见有毒有害气体的报警值

气体名称	报警值	
	mg/m³	ppm（20℃）
硫化氢	10	7
氯化氢	7.5	4.9
氰化氢	1	0.8
溴化氢	10	2.9
一氧化碳	30	25
一氧化氮	15	12
二氧化碳	18000	9832
二氧化氮	10	5.2
二氧化硫	10	3.7
二硫化碳	10	3.1
苯	10	3
甲苯	100	26
二甲苯	100	22
氨	30	42
氯	1	0.3
甲醛	0.5	0.4
乙酸	20	8
丙酮	450	186

参 考 文 献

[1] 应急管理部编写组．深入学习贯彻习近平关于应急管理的重要论述[M]．北京：人民出版社，2023：95-116+211-240.

[2] 张飞，肖红飞，刘波，等．FTA 在有限空间中毒窒息事故中的应用[J]．消防界(电子版)，2019，5(22)：20+23.

[3] 北京市安全生产技术服务中心．地下有限空间监护作业安全理论知识[M]．第二版．北京：团结出版社，2020：54-97.

[4] 张远，杜向阳，盛丽丽．工贸重点企业有限空间专家指导服务实践探析[J]．福建：安全与健康学术期刊，2024，(05)：60-63.

[5] 中国化学品安全协会，上海作本化工科技有限公司，中国石油化工集团有限公司，等．GB 30871—2022 危险化学品企业特殊作业安全规范[S]．北京：应急管理出版社，2022，6-7.

[6] 中国化学品安全协会．GB 30871—2022《危险化学品企业特殊作业安全规范》应用问答(第二辑)[M]．北京：中国石化出版社，2023，64-82.

[7] 蔡飞．消防救援队伍装备革新存在的问题和对策研究[J]．消防界(电子版)，2023，9(08)：50-52.

[8] 秦妍．地下有限空间作业安全技术规范　第 3 部分：防护设备设施配置解读[J]．安全，2014(7)：63-65.

[9] 赵伟．电力有限空间应急救援[M]．北京：中国水利水电出版社，2020.

[10] 普丽芬，肖力屏．现场自救互救基本技能培训教材[M]．昆明：云南大学出版社，2014：1-3.